例題で学ぶ 集合と論理

鈴木登志雄 著
Toshio Suzuki

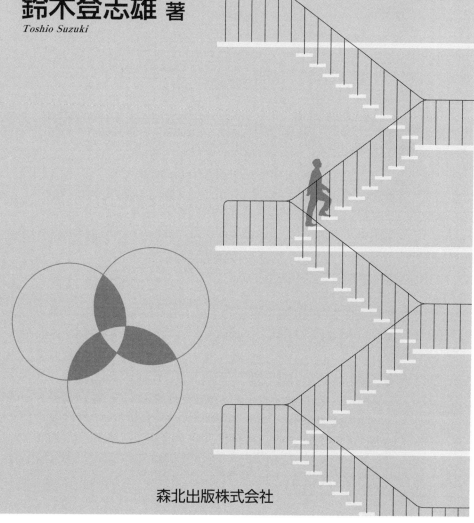

森北出版株式会社

● 本書のサポート情報を当社Webサイトに掲載する場合があります．下記のURLにアクセスし，サポートの案内をご覧ください．

https://www.morikita.co.jp/support/

● 本書の内容に関するご質問は，森北出版 出版部「(書名を明記)」係宛に書面にて，もしくは下記のe-mailアドレスまでお願いします．なお，電話でのご質問には応じかねますので，あらかじめご了承ください．

editor@morikita.co.jp

● 本書により得られた情報の使用から生じるいかなる損害についても，当社および本書の著者は責任を負わないものとします．

■ 本書に記載している製品名，商標および登録商標は，各権利者に帰属します．

■ 本書を無断で複写複製（電子化を含む）することは，著作権法上での例外を除き，禁じられています．複写される場合は，そのつど事前に（一社）出版者著作権管理機構（電話03-5244-5088, FAX03-5244-5089, e-mail：info@jcopy.or.jp）の許諾を得てください．また本書を代行業者等の第三者に依頼してスキャンやデジタル化することは，たとえ個人や家庭内での利用であっても一切認められておりません．

序 ― その集合，ベン図で表せますか？

　読者のみなさんはベン図というものをご存じでしょう．二つの円周が横に並び，少し重なったおなじみの図です．ベン図は，要素と集合からなる2階建ての世界を表すのに向いています．たとえとして，水平方向には気の遠くなるほど長い2階建ての集合住宅を想像してください．1階には集合でないものたち，たとえば数やベクトルが住んでいます．2階にはものの集まりとしての集合が住んでいます．たとえば偶数全体の集合や，長さ1の平面ベクトル全体の集合などです．ベン図は，こういう世界を表すのに向いています．1階の住人を点で表し，2階の住人を円で表すのです．

　ところが，大学の数学では同値関係と商集合という概念が必要不可欠であり，商集合は集合の集合です．つまり，大学では3階建てや4階建ての世界が必要であり，ベン図はこうした世界を表すのに向いていません．

　本書は，大学の数学科1・2年生や，高校数学教職課程履修者を対象とした，集合と論理の教科書です．集合に重点をおいており，論理については集合の理解に必要な題材に絞り，あえて厳密な運用はしません．

　とくに，読者がベン図から無理なく自立していけるように，題材の配列を工夫してあります．ベン図を通して2階建ての世界を理解することから始まり（第0, 1, 2章），やがてベン図を少し裏切って3階建てや4階建ての世界へ行き（第3, 4章），その後，高層建築の世界へ行ってベン図から巣立っていきます（第5章）．抽象的な事柄ほど後回しになっているので，大方の読者にとって，わかりやすい順の配列になっているはずです．

本書の構成

　本書の構成は単純で，第3章までは一直線のストーリーです．第4章を飛ばして第5章を読むこともできます．

　第0章では高校までの数学における集合と論理を復習するとともに，一段高いところから見渡し，その限界を理解します．第1章では大学レベルの話題のうち，とくに重要で基本的なものとして，命題論理の初歩，任意と存在，単射と全射を学びます．第2章では数学科の学生にとってとても大切な同値関係を学びます．

　第3章では，ややとっつきにくいが面白い話題として集合族，べき集合，商集合，お

および濃度を学び，第4章では整列集合の初歩にふれます．

第5章では集合を用いて整数，有理数を再構成します．

第1章以降の各章末には，再確認用の公式集をつけています．章末問題は，やさしい順にA, B, Cにグループ分けしてあります．本文中の問いと章末問題すべてに対する解答を巻末に掲載しています．

本書で学ぶ内容と他分野との関係は，次の図のようになります．

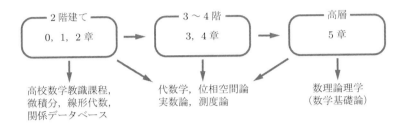

授業をご担当の先生方へ

大学初年級「集合と論理」の教科書としておおむね標準的な内容を扱っています．

命題論理を導入する典型的なやり方には自然演繹，真理値表などいくつかありますが，本書は自然演繹をもとにしています．このやり方を採用したおかげで，一時的な仮定をおく推論を正面から扱うことができました．背理法アレルギーを予防したい方のお役に立てれば幸いです．すでに背理法アレルギーになっている人が症状をこじらせないように，いくつかの箇所では，背理法を明示的には使わない証明と，明示的に使う証明を併記しています．

空写像は，発展的学習として第2章の最後で扱っています．ここを飛ばしてもあとを読むうえでほとんど影響はありません．

商集合をあえて第2章ではなく第3章においたのは教育的配慮によります．ベン図から離れられない人がつまずくのを先送りするためです．

謝辞

多くの方との対話を通じて，集合と論理についてさまざまな見方があることを学びました．首都大学東京の同僚のみなさん，学生諸君，高大連携事業でお会いした都立高校の先生方，そして日本数学会の数学基礎論および歴史分科会のみなさんに感謝します．とくに日本大学理工学部数学科教授の志村立矢さんと法政大学文学部哲学科教

授の安東祐希さんからは，本書の初期原稿にご感想を賜りました．ここに厚くお礼申し上げます．また，本書の企画と校正で大変お世話になった森北出版出版部の千先治樹さん，上村紗帆さんに感謝します．

2015 年 11 月

著　者

目　次

第 0 章　高校までの復習と考察　1
- 0.1　論理の一般常識 1
- 0.2　集合と条件の一般常識 10
- 0.3　中学校の論理と高校の集合・条件のつながり 23
- 0.4　高校における道具立ての限界 26
- 第 0 章の章末問題 28

第 1 章　論理・集合・写像　30
- 1.1　命題論理の初歩 30
- 1.2　集　合 46
- 1.3　任意と存在 49
- 1.4　「ならば」と部分集合 53
- 1.5　関係と写像 58
- 1.6　入れ子式の任意と存在 64
- 1.7　記号についての補足 65
- 第 1 章の公式集 66
- 第 1 章の章末問題 69

第 2 章　同値関係と順序関係　71
- 2.1　直積と関係 71
- 2.2　同値関係と代表元 75
- 2.3　順序関係 77
- 2.4　発展的学習：空写像 81
- 第 2 章の公式集 83
- 第 2 章の章末問題 85

第 3 章　集合族と濃度　　86

- 3.1　べき集合と商集合 86
- 3.2　濃　度 93
- 第 3 章の公式集 100
- 第 3 章の章末問題 102

第 4 章　整列集合　　104

- 4.1　「小なり」型の順序関係 104
- 4.2　順序集合と同型写像 106
- 4.3　整列集合 110
- 第 4 章の公式集 114
- 第 4 章の章末問題 115

第 5 章　集合による数学概念の表現　　116

- 5.1　クラトウスキの順序対 116
- 5.2　整数と有理数 120
- 5.3　数列と添え字付き集合族 127
- 5.4　フォン ノイマンの順序数 128
- 第 5 章の公式集 129
- 第 5 章の章末問題 130

補　遺　　132
問題解答・解説　　134
あとがき　　153
参考文献　　154
索　引　　156

記号表

数の集合

数の集合を表すのに，次の表の記号を用いることが多い．

意味	記号	意味	記号
自然数全体の集合	$\mathbb{N}$	実数全体の集合	$\mathbb{R}$
整数全体の集合	$\mathbb{Z}$	複素数全体の集合	$\mathbb{C}$
有理数全体の集合	$\mathbb{Q}$		

本書第 0 章では高校の慣例に従い，0 を自然数でないものとして扱うが，第 1 章以降では現代の集合論における慣例に従い，0 を自然数として扱う．大学の数学で 0 を自然数とするかどうかは，分野や文献による．

ギリシア文字

大文字	小文字	読みの例	大文字	小文字	読みの例
A	α	アルファ	N	ν	ニュー
B	β	ベータ	Ξ	ξ	グザイ，クシー
Γ	γ	ガンマ	O	o	オミクロン
Δ	δ	デルタ	Π	π	パイ
E	ϵ, ε	エプシロン，イプシロン	P	ρ	ロー
Z	ζ	ゼータ	Σ	σ	シグマ
H	η	イータ	T	τ	タウ，トー
Θ	θ	テータ	Υ	υ	ユプシロン，ウプシロン
I	ι	イオタ	Φ	ϕ, φ	ファイ，フィー
K	κ	カッパ	X	χ	カイ
Λ	λ	ラムダ	Ψ	ψ	プサイ，サイ
M	μ	ミュー	Ω	ω	オメガ

第0章 高校までの復習と考察

本章では高等学校までの数学における集合と論理について，大学生の視点で振り返る．要素と集合からなる2階建ての世界を主に扱う．

```
┌─ 2階建て ─┐    主な話題
│  0, 1, 2章  │   ● 論理と集合の一般常識
└──────────┘   ● 上記の一般常識に対する考察
```

0.1 論理の一般常識

誰でも，算数や中高の数学を通して論理学の準備体操をしている．高校までに論理学など教わった記憶がないと思っている人は，気づいていないだけである．本節では方程式を解いたり，図形に関する文を導いたりするときのことを思い出し，そのときなかば無自覚に用いている論理学に光をあてる．

0.1.1 演算の拡張

算数や数学の単元のうち，多くの同級生たちがつまずいたのはどこだったろうか．ひょっとしてそれらのほとんどは「演算の拡張」と「関係」についての単元ではなかっただろうか．

分数の加法（足し算），減法（引き算），乗法（かけ算），除法（割り算）の導入は，大学数学の言葉でいうと，演算の拡張である．ものの個数や順番を表す数の加減乗除をもとにして，それらを分数の加減乗除に拡張するのである．**演算**とは，加減乗除のように，二つの数を一つの数に対応させるはたらきをいう．たとえば，$2+3=5$という計算は，二つの数2と3に5を対応させるはたらきを表している．

負の数を導入するとき，演算の拡張と正面から向き合う．とくに減法の拡張について要点を振り返ってみよう．

小学校までの減法$a-b$は，表0.1.1のようにaがb以上の場合についてだけ考え

表 0.1.1 負でない整数どうしの減法（小学校）

場合	$a-b$ の値	例
$a \geqq b$	$b+x=a$ となる x	$3+x=5$ となる x は 2 よって $5-3=2$
$a < b$	保留	$3-5$ は考えない

表 0.1.2 負でない整数どうしの減法（中学校）

場合	$a-b$ の値	例
$a \geqq b$	$b+x=a$ となる x	$5-3=2$
$a < b$	$-(b-a)$	$3-5=-2$

ていた．a が b より小さい場合については考えていなかったが，未来永劫考えてはいけないとしたわけではなく，さしあたり考えることを保留していたのである．中学において，a が b より小さい場合について $a-b$ の値を定める．たとえば，$0 \leqq a < b$ の場合，表 0.1.2 のように $a-b = -(b-a)$ と定める．より一般に，整数と整数の加法，減法，乗法について中学で約束を導入する．約束を導入し終わった段階では，整数どうしの減法においても，やはり「$a-b$ とは，$b+x=a$ をみたす x のことである」という主張が成り立つ．

数の概念の拡張および演算の拡張は中学校の教科書どおりでなければいけないのだろうか．ほかの拡張はありえないのか．とても自然な疑問であるが，中学・高校の範囲の知識では答えきれない．拡張の必然性を説明するには，大学の代数学を必要とする．大学の代数学を理解するには，本書で学ぶ大学初年級の集合と論理が必要である．

0.1.2　関　係

算数という教科において主役級の概念は数と図形である．しかし重要な脇役を忘れてはいけない．数の性質や図形の性質である．文脈によっては，性質を**関係**，あるいは条件とよぶ．

比は算数教育のクライマックスである．比を数量の関係ととらえることにより，比例の概念を得る．比例は関数の基本である．

比を数量の関係としてとらえるとは，こういうことだ．たとえば，数 y を固定して x をいろいろな数で置き換えてみる場合，「$x:y=1:5$」は数 x の性質である．x とともに y もいろいろな数で置き換えてみる場合，「$x:y=1:5$」は二つの数 x, y の関係である．

比例が関数の基本であるとは，たとえば，関係「$x:y=1:5$」を一次関数「$y=5x$」とみることができ，一次関数が関数の重要な基本形だということである．もう少しく

わしく述べよう．二つの数 x, y の関係「$x : y = 1 : 5$」において，x の値を決めれば y の値も決まる．x の値に応じて y の値がただ一つに決まるとき，y は x の**関数**であるという．関数は関係の一種である．変数（値が変化する文字）のとりうる値の範囲を**変域**という．

関係は算数と数学のいたるところに満ちあふれている．「a は b の約数である」，「三角形 ABC と三角形 DEF は合同である」および「三角形 ABC は三角形 DEF の縮図である」なども関係である．空間における直線や平面の位置関係も関係である．たとえば，平面と平面の位置関係として「交わる」や「平行」がある．また，直線と平面の位置関係として「平面上にある」「交わる」「平行」がある．直線と直線の位置関係として「交わる」「平行」「ねじれの位置」がある．

関係は数でも図形でもない．では，関係とは対象として何なのか．これも自然な疑問であるが，中学・高校の範囲の知識では答えきれない．大学初年級の集合と論理は，この疑問に一応の答えを与えてくれる．

0.1.3 式や文の導出：一直線の場合

式は数を表すとは限らない．条件や関係を表すこともある．たとえば x, y が数を表すとき，$2x + 1$ や $x + 3y$ は数を表すが，「$2x + 1 = 3$」は数 x についての条件を表す．また，「$y = 2x + 1$」は x と y の関係を表す．

前項までみたとおり，算数・数学は学習の進展につれて扱う対象の範囲を広げていき，数と図形以外のものも対象としてとりこむ．とくに中学校以降では，条件を表す式をひとかたまりとみて，操作の対象にする．また，文をひとかたまりとみて操作の対象にすることもある．

まず，式や文を変形する筋道が一直線となる場合について復習する．

復習 0.1.1　数の計算についての法則
- 加法の結合法則　　$(a + b) + c = a + (b + c)$
- 加法の交換法則　　$a + b = b + a$
- 乗法の結合法則　　$(a \times b) \times c = a \times (b \times c)$
- 乗法の交換法則　　$a \times b = b \times a$
- 分配法則　　$(a + b) \times c = a \times c + b \times c, \; c \times (a + b) = c \times a + c \times b$

復習 0.1.1 における各法則の根拠について，中学校では直観的な説明をするかもし

れない．しかしあくまでも直観的な説明だけであり，厳密な根拠づけはせずにこれらを承認する．
　際限なく根拠を問い続けていくことを**無限後退**という．これを避けるため，いくつかの法則を説明抜きで承認することはやむを得ない．
　式において，文字を具体的な数などに置き換えることを，文字にその数を**代入**するという．たとえば，$2x+3$ において x に 5 を代入すると $2 \times 5 + 3$ となる．代入後の式は数としての値をもつ．上の例では $2 \times 5 + 3 = 13$ である．これを，そのときの**式の値**という．
　文字に代入する値に応じて成り立ったり（真になったり）成り立たなかったり（偽になったり）する式が**方程式**である．

復習 0.1.2　方程式の変形規則

(1) $A = B$ という形の式から，以下の式を導くことが許される．
  (a) $A + C = B + C$
  (b) $A - C = B - C$
  (c) $AC = BC$
  (d) $\dfrac{A}{C} = \dfrac{B}{C}$（ただし $C \neq 0$ の場合）
  (e) $B = A$

(2) $A + C = B$ という形の式から $A = B - C$ という形の式を導くことが許される．同様に，$A = B + C$ という形の式から $A - C = B$ という形の式を導くことが許される．この操作を**移項**という．

□ **例 0.1.1**　$5x + 3 = 13 + 3x$ という方程式を解く筋道を，一段階ずつ順を追ってみてみよう．

$$
\begin{aligned}
5x + 3 &= 13 + 3x \\
5x + 3 &= 3x + 13 &&\text{[右辺に加法の交換法則を適用した]} \\
5x &= (3x + 13) - 3 &&\text{[3 を移項した]} \\
5x &= 3x + (13 - 3) &&\text{[右辺に結合法則を適用した]} \\
5x &= 3x + 10 \\
5x - 3x &= 10 &&\text{[$3x$ を移項した]} \\
(5 - 3)x &= 10 &&\text{[左辺に分配法則を適用した]} \\
2x &= 10
\end{aligned}
$$

$$x = 5 \qquad \text{[両辺を 2 で割った]}$$

よって，解は $x = 5$ である．

　厳密にいうと，方程式を解く最終段階で**解の吟味**をすべきである．方程式を変形して $x = a$ の形の式を得たとき，その a をもとの方程式に代入して，本当に解になっていると確かめることを解の吟味という．ただし，容易な暗算で解の吟味ができるときや，逆戻りできる式変形（**同値変形**）ばかりを用いているときは，しばしば解の吟味を省く．

　中学初年級の方程式を解く仕組みは，次のようになっている．

(1) 説明抜きで使ってよい法則・規則のリスト（復習 0.1.1, 0.1.2）があらかじめ与えられている．
(2) 個々の問題ごとに方程式が与えられている（例 0.1.1 では「$5x + 3 = 13 + 3x$」）．
(3) 与えられた方程式に対して法則，規則を適用して $x = a$（a は具体的な数）という形の解を目指す．
(4) どの法則や規則をどのタイミングで用いるかは，そのつど自分で選ぶ．

　このように，方程式を解く仕組みは「規則に従いなさい」という面と「自分の知恵で次の一手を選びなさい」という面の二面性をもっている．

0.1.4　式や文の導出：合流のある場合

　もう少し進んで，式や文を変形する筋道が合流箇所をもつ場合について復習する．次の連立方程式は，$y = 2x$ と $x + y = 9$ という二つの方程式が両方成り立つことを表している．

$$\begin{cases} y = 2x \\ x + y = 9 \end{cases} \tag{0.1.1}$$

両方成り立つということを表すのに「**かつ**」という言葉を用いることがある．方程式 (0.1.1) は「$y = 2x$ かつ $x + y = 9$」と同じことである．

□ **例 0.1.2**　連立方程式 (0.1.1) を解いてみる．第 1 式を第 2 式に代入して $x + 2x = 9$．これを解いて $x = 3$．これを第 1 式に代入して $y = 6$．よって答えは $x = 3, y = 6$ である．この解き方の筋道を図式的に表したのが図 0.1.1 である．例 0.1.1 と違って，今回は一本道ではない．二つの式 $x = 3, y = 2x$ から「$x = 3$ かつ $y = 2x$」を作るとこ

$$y = 2x \text{ かつ } x + y = 9$$
$$x + 2x = 9$$
$$3x = 9$$
$$x = 3 \qquad y = 2x \quad [y = 2x \text{ 再登場}]$$
―――――――――――――――――――― [「かつ」でつなぐ]
$$x = 3 \text{ かつ } y = 2x$$
$$x = 3 \text{ かつ } y = 6$$

図 0.1.1　連立方程式 (0.1.1) を解く計算の流れ

ろで二つの筋道が合流している．

例 0.1.2 では，容易な暗算で解の吟味ができる．そこで解の吟味を省略している．次のように，図形の性質においても，「両方成り立つ」という形の事柄が登場する．

復習 0.1.3　平行線の性質
平行な二つの直線 ℓ_1, ℓ_2 に一つの直線 ℓ_3 が交わるとき，以下の二つが両方成り立つ（同位角と錯角については図 0.1.2 を参照）．
- 同位角は等しい．
- 錯角は等しい．

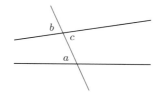

図 0.1.2　b は a の同位角，c は a の錯角

これは，次のようにいっても同じことである．「平行な二つの直線 ℓ_1, ℓ_2 に一つの直線 ℓ_3 が交わるとき，同位角が等しくかつ錯角も等しい．」

また，「少なくとも一方が成り立つ」という形の事柄も登場する．

復習 0.1.4　平行線になるための条件
二つの直線 ℓ_1, ℓ_2 に一つの直線 ℓ_3 が交わるとき，以下二つの少なくとも一方が成り立てば，ℓ_1, ℓ_2 は平行である．
- 同位角が等しい．
- 錯角が等しい．

少なくとも一方が成り立つことを表すのに,「**または**」という言葉を使う. 上記は, 次のようにいっても同じことである.「二つの直線 ℓ_1, ℓ_2 に一つの直線 ℓ_3 が交わるとき, もし同位角が等しいかまたは錯角が等しいならば, ℓ_1, ℓ_2 は平行である.」

さらに, 数や図形の性質には「p ならば q」の形で表されるものが多い.

> **復習 0.1.5** (1)「p ならば q」において,「ならば」の前にある p を**仮定**, あとにある q を**結論**という.
> (2) 中学数学では, 以下のいずれも同じ意味を表すものと考える.「p ならば q」,「p のとき q」,「p が成り立つ場合 q が成り立つ」,「p から q が導かれる」

☐ **例 0.1.3** (1)「$5x+3 = 13+3x$ ならば $x=5$」は成り立つ (正しい主張である).
(2)「$5x+3 = 13+3x$ ならば $x=3$」は成り立たない (正しくない主張である).
(3)「$y=2x$ かつ $x+y=9$ ならば, $x=3$ かつ $y=6$」は成り立つ.

ところで「$5 \times 3 + 3 = 13 + 3 \times 3$ ならば $3 = 5$」や「$x < x$ ならば $x = 5$」は成り立つのだろうか. p が偽の場合の「p ならば q」について中学数学は扱い方を明言していない. これは, 小学校の算数において $3-5$ の値を考えないのと似ている.

> **復習 0.1.6** 「p ならば q」という形の文に対して,「q ならば p」という形の文をもとの文の**逆**という. つまり, 仮定と結論を入れかえたものを逆という. もとの文が成り立っても, 逆は必ずしも成り立たない.

☐ **例 0.1.4** 「四角形 ABCD がひし形ならば四角形 ABCD は平行四辺形」は成り立つが, その逆「四角形 ABCD が平行四辺形ならば四角形 ABCD はひし形」は成り立たない.

> **復習 0.1.7** ある事柄が成り立たない例を, その事柄の**反例**という. ある事柄が成り立たないことを示すには, 反例を一つあげればよい.

復習 0.1.8 「p であるのに q でない」例を一つあげれば，「p ならば q」が偽であることを示したことになる．「p であるのに q でない」例を「p ならば q」の**反例**という．

☐ **例 0.1.5** 四角形 ABCD として，長辺の長さが 2，短辺の長さが 1 である長方形を考える．このとき四角形 ABCD は平行四辺形であるが，ひし形ではない．これが反例になるから，「四角形 ABCD が平行四辺形ならば四角形 ABCD はひし形」は成り立たない．

図形の証明問題は中学数学の華である．単純な根拠から出発して円周角の定理（同じ弧の上に立つ円周角は等しい）や三平方の定理（ピタゴラスの定理）を証明していく．証明の根拠として，対頂角が等しいこと，平行線の基本的な性質（復習 0.1.3, 0.1.4）や，三角形の合同条件，相似条件などを用いる．

言葉の意味を明確に述べたものを**定義**という．証明された事柄の中で，とくに大切なものを**定理**という．

☐ **例 0.1.6** 三角形の内角の和が $180°$ であることを示そう．

図 0.1.3 のような三角形 ABC が与えられたとする．点 A を通り辺 BC に平行な直線を ℓ とする．$\angle B$（角 B のこと，正確には $\angle \mathrm{ABC}$）の錯角を β（ベータ），角 C の錯角を γ（ガンマ）とする．$\angle A, \beta, \gamma$ が直線をなすから $\angle A + \beta + \gamma = 180°$．一方，復習 0.1.3 により $\beta = \angle B, \gamma = \angle C$．よって $\angle A + \angle B + \angle C = 180°$ が成り立つ．

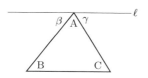

図 0.1.3　補助線 ℓ を引いたところ

図形について証明を行うときの頭の使い方も，規則に従うという面と，自分で次の一手を選ぶという面の二面性をもつ．例 0.1.6 で導入した直線 ℓ のように，考えの手がかりになるものを**補助線**という．一般に，補助線は自分で思いついて引くのである．ただし，いつも字義どおり自分で思いつくのは現実的でない．教科書の例題を読んで定石を身につけたうえで思いつけばよい．

三角形 ABC の内角の和が $180°$ であることの証明（例 0.1.6）について，証明の筋

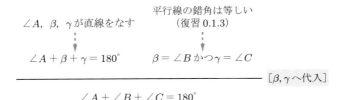

図 0.1.4 「三角形 ABC の内角の和は 180°」の証明の流れ（概要）

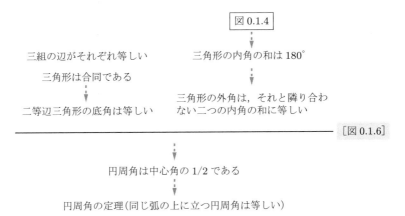

図 0.1.5 円周角の定理の証明の流れ（概要）

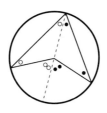

図 0.1.6 円周角の定理における証明の要所

道を図式化したのが図 0.1.4 である．β, γ へ代入を行うところで二つの筋道が合流している．

円周角の定理の証明について，筋道の一例を図式化したのが図 0.1.5 である．ただし概要のみを示したものである．もはや，一つの合流では済まない．この筋道を作るには，いくつかの補助線を思いつく必要がある．

とくに，図 0.1.6 の破線は，「二等辺三角形の底角は等しい」と「三角形の外角は，それと隣り合わない二つの内角の和に等しい」の二つを用いて「円周角は中心角の 1/2 である」を導くところで用いる補助線の例である．

0.2 集合と条件の一般常識

みなさんは集合を体系的に教わる以前から，集合の考え方にふれていたであろう．たとえば，整数の比として表せない数を**無理数**と教わったとき，図 0.2.1 のような図をみたはずである．これは数の種類を集合として表し，集合どうしの関係を描いた図である．本節では集合と条件について復習する．

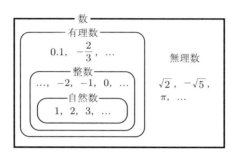

図 0.2.1 数の種類とそれらの関係

0.2.1 集合とその表し方

復習 0.2.1 (1)「1 以上 6 以下の自然数の集まり」や「正の偶数すべての集まり」のように，ある条件をみたすものの集まりを**集合**という．
(2) 集合 A の**メンバー**，すなわち集合 A に**属する**個々のものを，A の**要素**，あるいは**元**（げん）という．
(3) a が集合 B に属することを，記号で $a \in B$ と書く．
(4) a が集合 B に属さないことを，記号で $a \notin B$ と書く．
(5) 一つも要素をもたない集合を**空集合**という．空集合を $\emptyset$ で表す．

復習 0.2.2 集合を表す方法には 2 種類ある．
(1) 要素を書き並べる方法．
例：「1 以上 6 以下の自然数の集まり」を $\{1, 2, 3, 4, 5, 6\}$ と書く．「正の偶数すべての集まり」を $\{2, 4, 6, 8, \ldots\}$ と書く．空集合は $\{\ \}$ と書く．
同じ要素を 2 回以上書いても 1 回だけ書いたのと同じとみなす．また，要素を書く順番を変えても集合としては変わらない．たとえば，$\{7, 5, 3\} = \{3, 5, 5, 3, 3, 7\}$ が成り立つ．

(2) 要素の条件を書く方法．
例：「1以上6以下の自然数の集まり」を $\{x\,|\,x$ は1以上6以下の自然数$\}$ と書く．「正の偶数すべての集まり」を $\{x\,|\,x$ は正の偶数$\}$ と書く．また，絶対みたせない条件を用いて空集合を表すことができる．たとえば $\emptyset = \{x\,|\,x \neq x\}$．ここで $\neq$ は等しくないことを表す．

「$\{$」と「$\}$」の記号としてのよび名には**ブレース**，**波括弧**（なみかっこ）ほかいくつかある．集合のブレースは，ふつうの数式における括弧とは扱いが異なる．ふつうの数式での括弧はまとまりを表すために用いるので，もし括弧を2重に書いても1重に書いたのと同じである．たとえば，$(1+2)+3 = ((1+2))+3$ である．しかし，集合のブレースはそうならない．

☐ **例 0.2.1** $\{1,2\}$ は要素を二つもつ集合で，その要素は1と2という二つの自然数である．一方 $\{\{1,2\}\}$ は要素を一つもつ集合で，その要素とは $\{1,2\}$ という集合である．$\{1,2\} \neq \{\{1,2\}\}$ が成り立つ．

0.2.2 部分集合

復習 0.2.3 (1) 集合 A のどの要素も集合 B の要素であるとき「A は B の**部分集合である**」という．「A は B に**含まれる**」，「B は A を**含む**」ともいう．記号では $A \subset B$ と表す．
(2) 特例として，空集合はどのような集合 B に対してもその部分集合になると約束する．すなわち，$\emptyset \subset B$．
(3) 互いに相手の部分集合であるような二つの集合は区別しない．すなわち，$A \subset B, B \subset A$ がともに成り立つとき A と B は**等しい**といい，$A = B$ と書く．
(4) A が B の部分集合でないことを $A \not\subset B$ と書く．

☐ **例 0.2.2** $E = \{$ 親指，人差し指，中指，薬指，小指 $\}$ の部分集合 A, B をそれぞれ選んでおく．左手を，手のひらを上にして机の上におき，集合 A の要素となっている指を伸ばし，そうでない指を折り曲げる．また，右手を，手の甲を上にして机の上におき，集合 B の要素となっている指を伸ばし，そうでない指を折り曲げる．そして左

図 0.2.2　$A = \{$人差し指, 中指$\}$
　　　　　$\subset B = \{$人差し指, 中指, 薬指$\}$

図 0.2.3　$A = \{$親指, 人差し指, 中指$\}$
　　　　　$\not\subset B = \{$人差し指, 中指, 薬指$\}$

手を右手の下にして重ね合わせる（例として図 0.2.2 および 0.2.3）．このとき，$A \subset B$ が成り立つとは，左手の形が右手の形からはみ出さないのと同じことである．じゃんけんのグーの形が空集合に相当する．グーの形の左手はどのような形の右手からもはみ出さない．

□ **例 0.2.3**　$\{1, 2, 3\}$ は $\{2, 3, 4\}$ の部分集合ではない．また，$\{1, 2, 3\} \neq \{2, 3, 4\}$ である（図 0.2.4）．1, 2, 3, 4, 5 をそれぞれ親指，人差し指，中指，薬指，小指に読みかえて例 0.2.2 の図 0.2.3 と比較してみるとよい．

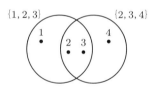
図 0.2.4　$\{1, 2, 3\}$ と $\{2, 3, 4\}$

要素と集合の間には「属する」という関係があり，集合どうしには「含まれる」という関係がある．「a は B に属する」は「$a \in B$」のことであり，「A は B に含まれる」（「B は A を含む」）は「$A \subset B$」のことであった．

□ **例 0.2.4**　例 0.2.2 において，$x \in A$ とは指 x が手の形 A において伸びていることを表し，$A \subset B$ とは手の形 A が手の形 B からはみ出さないことを表す．

0.2.3　和集合と共通部分

復習 0.2.4　(1) 二つの集合 A, B が与えられたとする．
　(a) A, B の少なくとも一方に属する要素全体の集合を，A と B の **和集合** という．これを $A \cup B$ で表す（図 0.2.5）．

$$A \cup B = \{x \mid x \in A \text{ または } x \in B\}$$

(b) A, B の両方に属する要素全体の集合を，A と B の**共通部分**という．これを $A \cap B$ で表す（図 0.2.6）．

$$A \cap B = \{x \mid x \in A \text{ かつ } x \in B\}$$

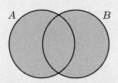

図 0.2.5　$A \cup B$（網掛け部分）

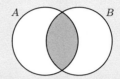

図 0.2.6　$A \cap B$（網掛け部分）

(2) 三つの集合 A, B, C が与えられたとする．

(a) A, B, C の少なくとも一つに属する要素全体の集合を，A, B, C の**和集合**という．これを $A \cup B \cup C$ で表す（図 0.2.7）．

$$A \cup B \cup C = \{x \mid x \in A \text{ または } x \in B \text{ または } x \in C\}$$

(b) A, B, C のすべてに属する要素全体の集合を，A, B, C の**共通部分**という．これを $A \cap B \cap C$ で表す（図 0.2.8）．

$$A \cap B \cap C = \{x \mid x \in A \text{ かつ } x \in B \text{ かつ } x \in C\}$$

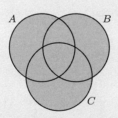

図 0.2.7　$A \cup B \cup C$

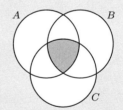

図 0.2.8　$A \cap B \cap C$

☐ 例 0.2.5

$$\{1,2,3\} \cup \{1,2,4\} = \{1,2,3,4\}$$
$$\{1,2,3\} \cap \{1,2,4\} = \{1,2\}$$
$$\{1,2,3\} \cup \{1,2,4\} \cup \{1,2,5\} = \{1,2,3,4,5\}$$
$$\{1,2,3\} \cap \{1,2,4\} \cap \{1,2,5\} = \{1,2\}$$

0.2.4 補集合とド モルガンの法則

復習 0.2.5 (1) 集合 E を一つ決めて，当面，要素を表す文字の変域を E にするとき，E を**全体集合**という．言い換えると，当面，集合としては E の部分集合だけを考えるということである．

(2) E を全体集合とする．以下，A, B は E の部分集合を表す．

  (a) A に属さないものすべての集まりを A の**補集合**といい，（高校数学では）$\overline{A}$ で表す．すなわち，$\overline{A} = \{x \mid x \in E \text{ かつ } x \notin A\}$（図 0.2.9）．

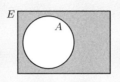

図 0.2.9　$\overline{A}$

  (b) 補集合について以下が成り立つ．

$$A \cap \overline{A} = \emptyset, \quad A \cup \overline{A} = E \tag{0.2.1}$$

$$\overline{\overline{A}} = A \tag{0.2.2}$$

復習 0.2.6　ド モルガンの法則（図 0.2.10〜0.2.15）

$$\overline{A \cup B} = \overline{A} \cap \overline{B}, \quad \overline{A \cap B} = \overline{A} \cup \overline{B} \tag{0.2.3}$$

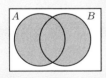

図 0.2.10　$A \cup B$

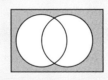

図 0.2.11　$\overline{A} \cap \overline{B}$

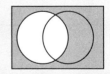

図 0.2.12　$\overline{A}$

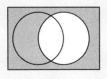

図 0.2.13　$\overline{B}$

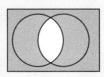

図 0.2.14　$\overline{A} \cup \overline{B}$

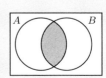

図 0.2.15　$A \cap B$

0.2.5 命題と条件

> **復習 0.2.7** (1) 正しいか正しくないかのどちらかである文や式を **命題** という．
> (2) 命題が正しいことを「**真である**」といったり，「**成り立つ**」といったりする．
> (3) 命題が正しくないことを「**偽である**」といったり，「**成り立たない**」といったりする．

☐ **例 0.2.6** 真な命題の例：「6 は偶数である」，「$16:10 = 8:5$」
偽な命題の例：「6 は奇数である」，「$16:10 = 4:3$」
命題でない文の例：「6 は小さな数である」，「$16:10$ は美しい比だ」

☐ **例題 0.2.1** 以下のそれぞれについて，真な命題，偽な命題，命題になっていない発言のどれであるかを判定せよ．
(1) 「正または負である」，(2) 「0 でない整数は正または負である」，(3) 「0 でない整数は負である」

考え方 発言者にとってだけでなく，聞き手にとっても真か偽のいずれかになるはずのものでなければ命題とはいえない．発言者が (2) をいうつもりで (1) といった場合，それは聞き手に伝わらないと考えたほうがよい．また，命題になっていない発言と偽な命題を区別しなければならない．

解 (1) 命題になっていない発言．(2) 真な命題．(3) 偽な命題．

> **復習 0.2.8** 文字を含む文や式であって，文字に具体的な値を代入すると命題になるものを（その文字についての）**条件** という．

☐ **例 0.2.7** (1) 変域として実数全体を考えるとき，方程式 $5x + 3 = 13 + 3x$ は x についての条件である．$x = 5$ を代入すると，この式は $5 \times 5 + 3 = 13 + 3 \times 5$ という真な命題になる．一方，$x = 3$ を代入すると，この式は $5 \times 3 + 3 = 13 + 3 \times 3$ という偽な命題になる．
(2) 変域として平面上の四角形全体を考えるとき「四角形 ABCD はひし形である」は四角形 ABCD についての条件である．この場合，ABCD は x のような 1 文字ではないが，ひとまとまりにして扱う．

高校では条件を表すのに p, q などの文字を使うことが多い．条件 p が文字 x についての条件であることを強調するときは $p(x)$ と書く．$p(x)$ の x に a を代入してできる命題を $p(a)$ で表す．たとえば，条件 $p(x)$ が「$5x + 3 = 13 + 3x$」であるとき，命題 $p(5)$ とは「$5 \times 5 + 3 = 13 + 3 \times 5$」という真な命題である．

命題と条件を区別しづらいことがある．**定数**とは，値を固定した文字のことであり，a や b などで表すことが多い．一方，**変数**とは値を変えうる文字のことであり，x や y で表すことが多い．数学の文章において，どの文字が定数でどの文字が変数であるかを明言せず，文脈から読者に読みとらせることがある．そのようなときは，命題と条件を区別しづらいのである．例 0.2.7 (2) においては ABCD を変数だと解釈して，「四角形 ABCD はひし形である」は四角形 ABCD についての条件であると述べた．しかし，ABCD を定数だと解釈すれば，「四角形 ABCD はひし形である」は命題である．このように，代入する値が数でない場合にも定数，変数という用語を用いる．日本語では定数も変数も語尾に「数」がつくが，英語で定数は constant，変数は variable であり，number がついているわけではない．

0.2.6　ならば・必要条件・十分条件

みなさんは中学数学以来，「p から q を導ける」の意味で「p ならば q」という表現を用い，高校数学において「ならば」を集合と結びつけて学んだであろう．「p ならば q」における p を仮定，q を結論というのであった（復習 0.1.5）．

> **復習 0.2.9**　条件 p, q が与えられたとする．
> (1) 「p ならば q」を「$p \Rightarrow q$」とも書く．
> (2) 命題「$p \Rightarrow q$ かつ $q \Rightarrow p$」を「$p \Leftrightarrow q$」とも書く．
> (3) p をみたすものすべてからなる集合を P，q をみたすものすべてからなる集合を Q とするとき，以下が成り立つ．
>   (a) 命題「$p \Rightarrow q$」が真であることは，$P \subset Q$ と同じことである（図 0.2.16）．
>   (b) 命題「$p \Leftrightarrow q$」が真であることは，$P = Q$ と同じことである（図 0.2.17）．
>
> 　
> 図 0.2.16　$P \subset Q$　　　図 0.2.17　$P = Q$

◻ **例 0.2.8** 実数についての二つの条件 $p: 0 < x < 2$ と $q: 1 < x < 3$ に対し，「p かつ q」は条件「$1 < x < 2$」であり，「p または q」は条件「$0 < x < 3$」であり，「p でない」は条件「$x \leq 0$ または $x \geq 2$」である．一方，「p ならば q」は命題「$0 < x < 2$ ならば $1 < x < 3$」である．これは偽の命題である．

一般に，条件どうしを「かつ」や「または」でつないだものは条件であり，条件の否定も条件であるが，条件どうしを（高校数学の）「ならば」でつないだものは命題になる．

$p \Leftrightarrow q$ という表現に出会ったとき，それが名詞句（体言）としての 命題「$p \Leftrightarrow q$」なのか，それとも文としての $p \Leftrightarrow q$ なのかに気をつける必要がある．とくに高校の教科書では両者の区別があまり明瞭でないことがあるので，文脈から判断する必要がある．

> **復習 0.2.10** 条件 p, q が与えられたとする．
>
> (1) 命題「$p \Rightarrow q$」が成り立つとき，p は q であるための**十分条件**であるという．また，q は p であるための**必要条件**であるという．
>
> (2) 命題「$p \Leftrightarrow q$」が成り立つとき，p は q であるための**必要十分条件**であるという．また，p と q は**同値**であるともいう．

「十分 $\Rightarrow$ 必要」と覚えよう．

COLUMN　オイラー図とベン図

図 0.2.1，0.2.16，および 0.2.17 はオイラー図である．オイラー図は二つの円が一致したり，一方が他方を外から囲んだり，交わったり，離れたりした図によって，それぞれ，二つの集合が等しいことや一方が他方の部分集合であること，共通部分が空でないこと，共通部分が空であることを表す．これは 18 世紀の数学者オイラーが三段論法（後述の図 0.3.2 や，これに似た論法）を説明するために用いたものである．一方，ベン図はイギリスの数学者ベンが 1894 年の著書で用いたものである．全体集合の内部に n 個の集合 $A_1, \ldots, A_n$ を考えるとき，これらを円や楕円で表す．ただし，これら n 個のおのおのに属するかどうかで，全体集合を 2^n 個の区画に分割するように描く．n が大きいと使いづらい．図 0.2.9〜0.2.15 は本来のベン図に近い．ただし，本来のベン図は，特定の区画に「ここは空」「ここは空でない」といった記号を書き込むものである．オイラー図とベン図は元々は違うものであるが混同され，本来のオイラー図やベン図に似た図の総称としてオイラー図といったり，ベン図というのが現在では主流になっている．本書では総称としてベン図という．

0.2.7 対偶と背理法

条件 p が与えられたとき「p でない」という条件を p の**否定**という. 高校数学では p の否定を $\bar{p}$ で表す. 全体集合 E が与えられ, p をみたすものの集合を P とするとき, $\bar{p}$ をみたすものの集合は補集合 $\overline{P} = \{x|\bar{p}\}$ である.

復習 0.2.11 集合のドモルガンの法則(復習 0.2.6)と同様に,条件についてのドモルガンの法則が成り立つ. すなわち,条件 p, q が与えられたとき,以下二つの命題が成り立つ.
- $\overline{p \text{ または } q} \Leftrightarrow \bar{p} \text{ かつ } \bar{q}$
- $\overline{p \text{ かつ } q} \Leftrightarrow \bar{p} \text{ または } \bar{q}$

復習 0.2.12 命題「$p \Rightarrow q$」を r で表すとき,命題「$q \Rightarrow p$」を r の**逆**(復習 0.1.6 参照), 命題「$\bar{p} \Rightarrow \bar{q}$」を r の**裏**, 命題「$\bar{q} \Rightarrow \bar{p}$」を r の**対偶**という(図 0.2.18).

図 0.2.18 逆, 裏, 対偶

例 0.2.9 もとの命題が真であっても逆が真であるとは限らない. たとえば実数に関する命題「$x > 5 \Rightarrow x > 0$」は真であるが, その逆「$x > 0 \Rightarrow x > 5$」は偽である. なぜなら, 反例として, たとえば $x = 1$ があるからである(例 0.1.5 参照).

復習 0.2.13 一般に, 命題「$p \Rightarrow q$」とその対偶の真偽は一致する.

高校数学では, 復習 0.2.13 を証明抜きに承認する.

例 0.2.10 簡潔さよりも具象性を重んじた例をあげよう. 図 0.2.19 のような球面

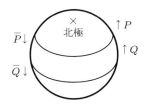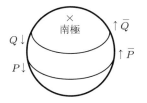

図 0.2.19　球面の部分集合

を一つ固定し，これを地球儀になぞらえる．赤道上の点は北緯 0 度かつ南緯 0 度であり，北極は北緯 90 度，南極は南緯 90 度である．この例の中では便宜上，南緯 n 度を北緯 $-n$ 度とよぶことにしよう．a, b はどちらも -90 以上 90 以下の実数であるとする．球面上の点全体の集合を全体集合 E とし，「x は北緯 a 度以上の点である（a 度の緯線上およびそれより北極側）」という条件を p，「x は北緯 b 度以上の点である」という条件を q とする．p, q をみたす点の集まりをそれぞれ P, Q とする．すると，補集合 $\overline{P}, \overline{Q}$ はそれぞれ，a 度の緯線より南極側の点の集まり，b 度の緯線より南極側の点の集まりである．このとき，以下の主張のどれか一つが成り立つとき，残りもすべて成り立つ．つまり，これら主張の真偽は一致する．(1) と (2) の違いは，同じことを北極側からみるか，南極側からみるかの違いにすぎない．

(1) $P \subset Q$,　(2) $\overline{Q} \subset \overline{P}$,　(3) $p \Rightarrow q$,　(4) $\overline{q} \Rightarrow \overline{p}$.

さて，数学の証明において，特段の事情がない限り次の論法が許される．

復習 0.2.14　p を条件，あるいは命題であるとする．$\overline{p}$ が成り立つという仮定から矛盾を導けるとき，p を導ける．

この論法を**背理法**という．

0.2.8　数学的帰納法

自然数についての条件を論じるとき，以下の論法を使うことが許される．

復習 0.2.15（数学的帰納法の原理）　自然数 n についての条件 $p(n)$ が与えられ，以下が成り立つとする．
 (I) 命題 $p(1)$ が成り立つ．
 (II) 命題 $p(k) \Rightarrow p(k+1)$ が成り立つ．

このとき，すべての自然数 n に対して $p(n)$ が成り立つ．

(II) における命題 $p(k)$ を**帰納法の仮定** (induction hypothesis, inductive hypothesis) という．必ずしも文字 k にこだわらず，文脈に応じて適切な文字を用いる．

数学的帰納法を**インダクション** (induction) ということがある．また，(I) を**ベースステップ** (base step, basis step, base case)，(II) を**帰納ステップ** (induction step, inductive step) ということもある．高校ではふつう，ベースステップで $n = 1$ とする．しかし，ベースステップを $n = 0$ として，負でない整数すべてについての結論を導くことも許される．また，あまり一般的ではないが，ベースステップを $n = 2$ として，2 以上の自然数すべてについての結論を導くことも許される（あとの例題 0.2.3）．

□ **例題 0.2.2** $S_n = \sum_{j=1}^{n} j^2$ とおく．すべての自然数 n に対して $S_n = n(n+1)(2n+1)/6$ が成り立つことを数学的帰納法を用いて示せ．

考え方 数学的帰納法は，$n(n+1)(2n+1)/6$ という式に気づく方法を教えてくれない．単に確かめる方法を与えてくれるだけである．気づくにはたとえば次のように考える．$T_n = \sum_{j=1}^{n} j$ とおく．次に $(k+1)^3 = k^3 + 3k^2 + 3k + 1$ という展開公式から $(k+1)^3 - k^3 = 3k^2 + 3k + 1$ という等式を得る（この等式が，いわば補助線である）．この等式の両辺を $k = 1$ から n まで加えると $(n+1)^3 - 1 = 3S_n + 3T_n + n$ を得る．これを変形して $T_n = n(n+1)/2$ を代入して計算すると，$S_n = n(n+1)(2n+1)/6$ を示せてしまう．しかし，ここでは問題文の指示に従って数学的帰納法を用いる．

解 $f(n) = n(n+1)(2n+1)/6$ とおく．
(I) $S_1 = 1$, $f(1) = 1$ だから，$S_1 = f(1)$ が成り立つ．
(II) $S_k = f(k)$ であるとする．このとき，以下が成り立つ．

$$\begin{aligned}
S_{k+1} &= S_k + (k+1)^2 \\
&= k(k+1)(2k+1)/6 + (k+1)^2 \quad \text{[帰納法の仮定による]} \\
&= (k+1)(k+2)(2k+3)/6 \quad \text{[計算の結果]} \\
&= f(k+1)
\end{aligned}$$

よって，$S_{k+1} = f(k+1)$ が成り立つ．
(III) 以上 (I), (II) により，数学的帰納法によって，すべての自然数 n に対して $S_n = f(n)$ が成り立つことが示された．

以下では，数学的帰納法の変種をいくつか紹介する．

> **数学的帰納法の原理** 集合バージョン
>
> 自然数のみを要素とする集合 P が与えられ，以下が成り立つとする．
> (I) $1 \in P$ が成り立つ．
> (II) 命題「$k \in P \Rightarrow k+1 \in P$」が成り立つ．
> このとき，すべての自然数は P に属する（つまり，P は自然数すべての集合である）．

> **累積帰納法** 集合バージョン
>
> 自然数のみを要素とする集合 A が与えられ，以下が成り立つとする．
> (I) $1 \in A$ が成り立つ．
> (II) 命題「$\{j \mid 1 \leqq j \leqq k\} \subset A \Rightarrow k+1 \in A$」が成り立つ．
> このとき，すべての自然数は A に属する．

累積帰納法は以下のようにして，ふつうの数学的帰納法に帰着する．上記 (I), (II) が成り立つとき，$\{j \mid 1 \leqq j \leqq k\} \subset A$ となる自然数 k すべての集合を P とおくと，ふつうの数学的帰納法により，すべての自然数は P に属する．よって，すべての自然数は A に属する．

なお，累積帰納法の表し方にも条件バージョンと集合バージョンがあるが，ここでは集合バージョンのみを記した．

☐ **例題 0.2.3** 2 以上の自然数はいくつかの素数の積で表せることを示せ．ただし，素数 1 個だけの場合も「いくつかの素数の積」とよぶことにする．

考え方 ベースステップを $n=2$ として累積帰納法を用いる．このとき，帰納ステップは「$\{j \mid 2 \leqq j \leqq k\} \subset A \Rightarrow k+1 \in A$」となる．

解 累積帰納法によって示す．いくつかの素数の積で表せる自然数すべての集まりを A と表すことにする．
(I) 2 はそれ自体が素数だから，$2 \in A$ が成り立つ．
(II) 帰納ステップを示すため，$\{j \mid 2 \leqq j \leqq k\} \subset A$ とする．場合 1 : $k+1$ が素数の場合．このとき，$k+1 \in A$ が成り立つ．場合 2 : そうでない場合．このとき，$k+1$ は自分より小さい素数（p とする）で割り切れる．k を p で割った商を m とすると $k=pm$, $2 \leqq p \leqq k$ かつ $2 \leqq m \leqq k$ である．帰納法の仮定により p と m は A に属するから，どちらもいくつかの素数の積である．よって $k+1$ もいくつかの素数の積である．まとめると，命題「$\{j \mid 2 \leqq j \leqq k\} \subset A \Rightarrow k+1 \in A$」が成り立つ．

> (III) 以上 (I), (II) により，累積帰納法によって，2 以上のすべての自然数は A に属することが示された．

以下に述べる最小数の原理は，見た目が数学的帰納法と似ていないが，数学的帰納法の一変種である．

最小数の原理

自然数のみを要素とする空でない集合 B は，必ず最小の要素をもつ．

補集合 $\overline{B}$ を A として累積帰納法を用いると，「B に最小の要素がないならば $B = \emptyset$」を示せる．対偶をとると，最小数の原理を得る．のちに第 3 章例題 3.2.4 において，最小数の原理の使用例を示す．

0.2.9 「集合と論証」以外の単元における集合

高校数学では場合の数，図形と方程式などの単元で集合を活用する．

☐ **例 0.2.11（組み合わせ）** 赤玉，青玉，白玉の中からちょうど二種類を選ぶ組み合わせは，全体集合 $E = \{$ 赤玉, 青玉, 白玉 $\}$ の部分集合のうち要素をちょうど二つもつもののことであると解釈できる．具体的には $\{$ 青玉, 白玉 $\}$，$\{$ 赤玉, 白玉 $\}$，$\{$ 赤玉, 青玉 $\}$ の 3 個である．

☐ **例 0.2.12（区間）** 実数 a, b（ただし $a < b$）が与えられたとき，a より大きく b より小さい実数全体の集合を **開区間** (a, b) という．また，a 以上 b 以下の実数全体の集合を **閉区間** $[a, b]$ という．すなわち，$(a, b) = \{x \mid a < x < b\}$, $[a, b] = \{x \mid a \leqq x \leqq b\}$ である．

☐ **例 0.2.13（関数のグラフ）** 関数 $y = x + 1$ のグラフは，座標平面上の点集合 $\{(x, y) \mid y = x + 1\}$ である（図 0.2.20）．

☐ **例 0.2.14（式の表す領域）** 座標平面上の領域 $y \geqq x + 1$ は，座標平面上の点集合 $\{(x, y) \mid y \geqq x + 1\}$ である（図 0.2.21）．

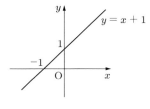
図 0.2.20　関数のグラフ

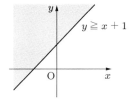
図 0.2.21　式の表す領域

0.3　中学校の論理と高校の集合・条件のつながり

0.1 節で復習した論理に関する常識の大部分は中学数学で扱い，0.2 節で復習した集合と条件に関する常識は高校数学で扱うことになっている[*1]．

中学数学における論理と，高校数学における集合・条件はどのようにつながっているのだろうか．この興味深く，かつ大事な考察を十分行うことなく，高校数学は時間切れになっていることが多いであろう．本節では両者のつながりを考察する．その発展として，次節では高校における道具立ての限界を考察する．そこまで考察すると，より高度な道具立ての必要性を感じるようになるはずだ．

0.3.1　「ならば」の拡張：仮定が偽の場合へ

命題「$p \Rightarrow q$」が真であることは，$P \subset Q$ と同じであると宣言した（復習 0.2.9）．この宣言はさりげなく，「ならば」の定義を拡張している．

例として，実数全体の集合を全体集合として，$p : x < x, q : x = 5$ という条件を考える．p をみたすものの集合を P，q をみたすものの集合を Q とすると，$P = \{x \mid x < x\} = \emptyset$，$Q = \{x \mid x = 5\} = \{5\}$ である．空集合はどのような集合に対してもその部分集合になると約束した（復習 0.2.3）から $\emptyset \subset \{5\}$，すなわち $P \subset Q$ が成り立つ．よって，命題「$p \Rightarrow q$」が真である．つまり，実数についての命題「$x < x \Rightarrow x = 5$」は真である．

中学数学においては表 0.3.1 のように「p ならば q」を「p が成り立つ場合 q が成り立つ」と同一視し，上の例のように p が偽の場合については事実上，判断を保留していた．高校数学においては表 0.3.2 のように間接的な形ながら，p がつねに偽の場合に

[*1] 中学では 1981 年施行の指導要領から，そして高校では 1982 年施行の指導要領から，「0.1 節の内容の大部分は中学数学，0.1 節の内容の一部と 0.2 節の内容の大部分は高校数学」と分担するようになった．その後，学習指導要領全面改訂のたびに少しずつ集合と論理の扱いは変わったが，2012 年施行の中学数学・高校数学学習指導要領にいたるまで上記の分担はおおむね安定して続いている．

表 0.3.1 「ならば」の意味づけ（中学校）

場合	「p ならば q」の意味
p が真かもしれない場合	p から q を導ける
p が偽と決まっている場合	保留（考えない）

表 0.3.2 「ならば」の意味づけ（高等学校，暗黙の約束）

場合	「p ならば q」の意味
p が真かもしれない場合	p から q を導ける
p が偽と決まっている場合	真

は自動的に「p ならば q」が真になると約束している．この意味で，高校では中学校の「ならば」の意味を拡張している．

0.3.2 条件から条件を導くこと

簡単な方程式を解く作業は，条件から条件を導く作業の一種である．したがって，中学校の方程式を解く筋道（例 0.1.1）は，高校の「ならば」に基づいて理解できる．

0.3.3 命題から命題を導くこと

高校の「ならば」は条件から条件を導くための概念である．一方，図形の証明においては，命題から命題を導く．たとえば，証明抜きに使ってよい法則や約束から出発して，命題「三角形の内角の和は $180°$ である」を導く．

高校の「ならば」と図形の証明をどのように結びつけたらよいのであろうか．たとえば，「三角形の内角の和は $180°$ である」という命題の場合，これを「p ならば q」の形の命題として解釈するのである．この場合，ABC を変数 x のようなものだと思って，二つの条件 p：「ABC は三角形である」と q：「$\angle A + \angle B + \angle C = 180°$」を考える．いま導入した ABC を特定の三角形とは考えない．三角形であるということ以外，ABC について何も知らないものとする．すると，もとの命題には ABC が登場しないにもかかわらず，確かにもとの命題と「p ならば q」は同じことになる．そして，条件 p から条件 q を導くのである．もう一度，例 0.1.6 をみてもらいたい．確かに条件 p から条件 q を導く流れになっていることがわかるだろう．つまり，証明は「三角形 ABC が与えられたとする」という文から始まり，「よって $\angle A + \angle B + \angle C = 180°$ が成り立つ」という文で終わっている．

これでなぜもとの命題が証明されたことになるのであろうか．それは，命題「p ならば q」が成り立つことと，p から q を導けることは同じことだからである．

0.3.4 命題と条件から条件を導くこと

条件 p:「ABC は三角形である」から q:「$\angle A + \angle B + \angle C = 180°$」を導く筋道の大事な部分を，顕微鏡で拡大するように観察してみよう．図 0.1.4 および図 0.1.5 を振り返ってもらいたい．とくに図 0.1.4 の右上において，命題「平行線の錯角は等しい」から条件「$\beta = \angle B$ かつ $\gamma = \angle C$」を導く部分がある（下向き破線矢印）．命題から条件を導くのはどのようなしくみによるのだろうか．

上記の部分（下向き破線矢印とその上下の部分）をもっとくわしく書くと，命題「平行線の錯角は等しい」から条件「$\beta = \angle B$」を導き，さらに命題「平行線の錯角は等しい」から条件「$\gamma = \angle C$」を導き，その後に「$\beta = \angle B$」と「$\gamma = \angle C$」を「かつ」でつないでいるのである．そこで，命題「平行線の錯角は等しい」から条件「$\beta = \angle B$」を導く部分に注目する．

命題「平行線の錯角は等しい」は，次の命題と同じことである．ただし，ここでの $x = y$ は，角の大きさが等しいという意味である．

$$\text{角 } x \text{ と角 } y \text{ は平行線の錯角の関係にある} \Rightarrow x = y$$

上記の命題は特定の角 x, y についての話ではなくて，一般的な法則である．x と y についての条件「角 x と角 y は平行線の錯角の関係にある」を $r(x, y)$ と表してまとめると，次のようになる．命題「$r(x, y) \Rightarrow x = y$」と条件「$r(\beta, \angle B)$」から，新たな条件「$\beta = \angle B$」を導ける．図式化すると図 0.3.1 のようになる．

$$\begin{array}{cc} r(x,y) \Rightarrow x = y & r(\beta, \angle B) \\ \hline \beta = \angle B \end{array}$$

図 0.3.1　命題と条件から条件を導く例

一般に，条件 $s(x), t(x)$ と文字 a が与えられたとき，命題「$s(x) \Rightarrow t(x)$」と $s(a)$ から，$t(a)$ を導くことが許される．これは**三段論法**とよばれる約束事の一種である．図式化すると図 0.3.2 のようになる．

条件 s をみたすものの集合を S，条件 t をみたすものの集合を T と書くと，図 0.3.2 を図 0.3.3 のように表すことができる．

条件中の文字は一つでなくてもかまわない．たとえば条件 $s(x, y), t(x, y)$ と文字 a, b が与えられたとき，命題「$s(x, y) \Rightarrow t(x, y)$」と条件 $s(a, b)$ から，条件 $t(a, b)$ を導くことが許される．図 0.3.1 はその例である．

$$\frac{s(x)\Rightarrow t(x) \quad s(a)}{t(a)} \qquad \frac{S\subset T \quad a\in S}{a\in T}$$

図 0.3.2　三段論法の例　　　　　図 0.3.3　集合による言い換え

0.4　高校における道具立ての限界

　高校数学の「集合と論証」は，うまく説明しづらい大事な事柄をベン図に頼っている．たとえば，ド モルガンの法則が成り立つ根拠はベン図に頼っている（復習 0.2.6）．

　もう一つ例をあげよう．中学校の教科書では，ある事柄が成り立たない例をその事柄の反例とよぶ（復習 0.1.7）．一方，高校の教科書では，p であるのに q でない例を命題「$p\Rightarrow q$」の反例とよぶ（復習 0.1.8）．二つの定義の間には少し飛躍がある．つまり，高校数学では「$\overline{p\Rightarrow q}$」と「$p$ であるのに q でない例が少なくとも一つある」が同じことであると暗黙のうちに主張している．この主張の正当化もベン図に頼っている．

　ところが，集合と論理の大事な事柄の中には，ベン図に頼るとかえってわからなくなることがある．とくに，以下のような場合である．

(1)　「ならば」について整理したいとき．
(2)　たくさんの集合を同時に考えたいとき．
(3)　集合の集合について考えたいとき．

0.4.1　「ならば」について整理したいとき

　高等学校での「ならば」は，条件と条件をつないで命題を作る．ベン図は，このような「ならば」を視覚的に表すのに適している．しかし，命題から命題を導くための「ならば」についてより一般的な考察をするとき，ベン図はかえって理解の妨げになる．たとえば，図 0.1.5 をベン図で説明しようとするのは筋が悪い．

　ところが，命題から命題を導くのは大事なことなのである．図 0.1.5 のように，中学校での図形の証明においては，命題から命題を導くことが必要になる．中学校の図形分野に限らず，大学の数学においても証明の基本形は命題から命題を導くことである．

　ベン図を使わなくても，0.3.3 項と 0.3.4 項の議論を補うことによってある程度まで，中学校の証明と高校の「ならば」の関係を理解できる．

0.4.2 たくさんの集合を同時に考えたいとき

ベン図は，たくさんの集合を同時に考えるのに向いていない．全体集合以外に集合を 3 個または 4 個考えるとき，一般性のあるベン図を描くにはそれなりの注意を要する．5 個以上の場合はかなり難しい．

☐ **例 0.4.1** 三つの集合に対するベン図として一般性があるものの例（図 0.4.1）とそうでないものの例（図 0.4.2）を示す．後者には $A \cap B \cap C$ の区画がない．

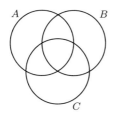

図 0.4.1 一般性あり

図 0.4.2 一般性なし

☐ **例 0.4.2** 四つの集合に対するベン図として一般性があるものの例（図 0.4.3）とそうでないものの例（図 0.4.4）を示す．後者には $\overline{A} \cap B \cap \overline{C} \cap D$ の区画がない．

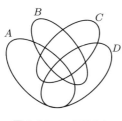

図 0.4.3 一般性あり

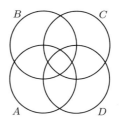

図 0.4.4 一般性なし

0.4.3 集合の集合について考えたいとき

ベン図は，集合の集合を表現するのに向いていない．しかし集合の集合を考えることは，実はとても自然なことなのである．たとえば，ものの集まりを種類に分けるとき，集合の集合を考える．

☐ **例 0.4.3** ある高校に野球部，サッカー部，軽音楽部，美術部，ナントカ団という五つの団体があり，これらは運動部，文化部，非公認団体という，三つの種類に分類されているとしよう．つまり，野球部とサッカー部は運動部であり，軽音楽部と美術

部は文化部であり，ナントカ団は非公認団体であるとする．われわれは「A 君は野球部員である」というとき，A 君を要素（ベン図では点），野球部を集合（ベン図では円）だと思っている．ところが「野球部は運動部である」というとき，野球部を要素，運動部を集合だと思っている．このように野球部は，文脈によって集合の役割を果たしたり，要素の役割を果たしたりする（図 0.4.5）．

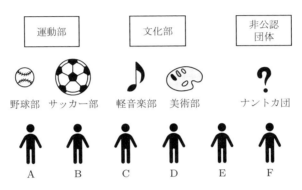

図 0.4.5 人，団体，団体の種類からなる 3 階建ての世界

□ **例 0.4.4**　「座標平面上の点 $(2,3)$ は曲線 $xy=6$ 上にある」というとき，$(2,3)$ を要素，曲線 $xy=6$ を点の集合だと思っている．しかし，「曲線 $xy=6$ は双曲線である」というとき，曲線 $xy=6$ を要素と思い，双曲線全体の集合を考えている．このように曲線 $xy=6$ は，文脈によって集合の役割を果たしたり要素の役割を果たす．

ものの集まりはほとんどの場合，他の集合の要素になる資格がある．たとえていえば，集合の大多数は中間管理職であり，一般社員の前では上司だが，役員の前では部下である．

◆ 第 0 章の章末問題

本章では高校数学の慣例に従い，自然数とは $1,2,3,\ldots$ のことであるとする．

——— **A** ———

本章の章末問題 A については判断の根拠なしに答えだけ書けばよい．

問題 0.1　整数の集合 $X = \{x \mid x^2 \leqq 10\}$ について，以下の問いに答えよ．
(1) X を，要素を書き並べる方法で表せ．
(2) 以下の集合はどれも整数の集合であるとする．これらのうち，X と等しいものをすべてあげよ．

$$Y = \{y \mid y^2 \leqq 10\}, \quad Z = \{x \mid x^2 \leqq 15\}, \quad W = \{w \mid w^2 - 9 \leqq 0\}$$

問題 0.2 集合 $X = \{1, 2, 3\}$ の部分集合をすべて列挙せよ．

問題 0.3 集合 $X = \{1, 2, 3\}$, $Y = \{2, 3, 4\}$, $Z = \{1, 3, 5\}$ について考える．以下の各集合を，要素を書き並べる方法で表せ．

(1) $X \cup Y$ (2) $X \cap Y$ (3) $X \cup Y \cup Z$ (4) $X \cap Y \cap Z$ (5) $(X \cup Y) \cap Z$
(6) $(X \cap Y) \cup Z$

問題 0.4 実数 x, y についての条件 p, q, r を以下のように定める．$p : x^2 - y^2 = 0$, $q : x + y = 0$, $r : x - y = 0$. 以下のおのおのが正しい主張になるように，空欄にふさわしい言葉を選べ．(1), (2), (3) についてはリスト 1 から，(4) についてはリスト 2 から選ぶこと．

(1) p は q であるための [ア] 条件である．
(2) r は p であるための [イ] 条件である．
(3) q は p であるための [ウ] 条件である．
(4) 「q [エ] r」は p であるための必要十分条件である．

リスト 1：**必要，十分，必要十分**．
リスト 2：**かつ，または，ならば**．

——— B ———

問題 0.5 1 以上 10 以下の自然数全体の集合を全体集合とし，2 以上 8 以下の数全体の集合を X, 3 の倍数全体の集合を Y とする．集合 $\overline{X} \cup \overline{Y}$ の要素の個数を答えよ．

問題 0.6 自然数 n についての命題「n^4 を 5 で割った余りが 1 でないならば，n は 5 で割り切れる」を証明せよ．

問題 0.7 どのような自然数 n に対しても以下が成り立つことを示せ．

$$\sum_{j=1}^{n} j^3 = \frac{1}{4} n^2 (n+1)^2$$

——— C ———

問題 0.8 本文では数学的帰納法の原理から出発して最小数の原理を導くまでの概要をみたが，ここでは逆を考える．最小数の原理を用いて，数学的帰納法の原理・集合バージョンを証明せよ．すなわち，自然数のみを要素とする集合 P が「$1 \in P$」と「$k \in P \Rightarrow k+1 \in P$」をみたすとして，すべての自然数が P に属することを示せ．本問の解答において，通常の数学的帰納法と累積帰納法は用いてはならない．必要があれば対偶，背理法は用いてよい．

第1章 論理・集合・写像

　本章では大学レベルの集合と論理のうち，基本的で大事なことを概観する．
　第0章でみたように，高校までの集合と論理にはいくつかの限界があった．「ならば」をめぐる約束事が整理されていないこと，たくさんの集合を同時に考えにくいこと，そして集合の集合について考えにくいことである．
　こうした限界を克服するため，高校までの約束とつじつまが合うように注意を払いつつ，「または」，「かつ」，「…でない」，「ならば」，「導く」，「含まれる（部分集合）」についての約束を仕切り直す．
　とくに，新たに「命題論理のならば」，「任意」，「存在」という概念を導入し，これらを用いて，「高校のならば」と「含まれる」を再構成する．
　応用として，本章の最後で単射と全射について学ぶ．この単元は，任意と存在が入れ子になった命題を扱う練習にもなっている．
　本章で学ぶことは将来，他の科目でさまざまに活用されていく大事なことばかりである．「任意」と「存在」は微積分における収束や連続性について深く理解するために役立つ．全射と単射は線形代数における線形写像の理解に欠かせない．前章に引き続き，要素と集合からなる2階建ての世界を主に考える．

2階建て
0, **1**, 2章

主な話題
- ゲンツェンの方式による命題論理学の初歩
- 論理学に基づいた集合概念の再構成
- 任意と存在，その応用としての全射と単射

1.1 命題論理の初歩

　高校数学は感覚的な理解を重視しており，ベン図，集合，命題と条件という順番で理解していくのがふつうである．感覚的にとらえやすい対象から，基本的な概念の部品へと進む順番である．本章では発想を転換し，基本的な概念の部品から出発する．つ

まり，命題と条件から入る．

1.1.1 学習の心構え

集合と論理の「論理」，すなわち論理学とは，**推論**についての学問である．考える範囲を大学の数学科 1，2 年次の数学に限ってしまえば，論理学を難しく考える必要はない．こういう限定の下では，推論，演繹的推論，**演繹**，**導出**はすべて同じ意味だと思ってもとりあえず問題ない[*1]．

数学における導出の典型的な姿は，次のようなものである．まず，命題あるいは条件 p が出発点として与えられる．そこで，証明抜きに用いてよい法則および p を用いて「これが成り立つ場合はこれも成り立つ」という判断を繰り返して，最終的に他の命題あるいは条件 q にいたる筋道を作り，これを「p からの q の導出」という．たとえていうと，p や法則を水源とする川を，必要なら複数作って，河口に q が位置するような川の流れを作る．その川の流れが導出である（図 1.1.1）．導出の構造はこのように合流していく川の流れのようになっているが，われわれは導出を書き表すとき，ふつう，文章で表す．

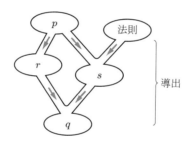

図 1.1.1 p からの q の導出

p から q の導出があるとき「p から q を導出できる」「p から q を導ける」などという．方程式を解いたり，図形についての証明を行うとき，いつもこのような導出を行ってきた．

以下で学習の心構えを述べよう．まず，専門用語の定義は必ずしも「A とは，B のことである」という形をしていないことに注意しよう．論理学では専門用語の使い方についての約束を与え，その約束を吟味することで間接的に専門用語の意味を明らかにすることがある．たとえば 1.1.5 項では，「導く」とはかくかくしかじかである，と

[*1] 一方，論証あるいは証明という場合，正しい仮定だけを用いる（誤った仮定を用いない）導出を指すのがふつうである．

いう直接的定義をしないで，代わりに，「p から $p \vee q$ を導くことができる」，「q からも $p \vee q$ を導くことができる」といった規則をいくつか導入する．これらの規則は，「導く」という専門用語の使い方を規定する．なぜこのような回りくどいことをするのかというと，論理学の専門用語を用いて他の数学用語を定義することが多いため，論理学の専門用語をより基礎的な言葉にさかのぼるのが難しいからである．

日常用語と同じ姿をした専門用語については，日常用語との違いに注意することが大事である．「ひまわりの花を一つ描いてください」といわれたら，多くの人は円盤のようなもののまわりに細い楕円のようなものがたくさんついた絵を描くであろう．日常会話ではこれでよいが，生物学上は誤りである．細い楕円のようなものの一つひとつが生物学上の花であり，円盤のような部分も生物学上の花がたくさん集まったものだからだ．日常用語としての「花」に比べて，生物学では「花」という言葉をより限られた意味に用いている．このように，特定の学問分野において限られた意味に用いる言葉を専門用語，術語，テクニカルタームなどという．生物学には「ミトコンドリア」のように日常会話であまり使わない専門用語がある一方，「花」のように日常用語と同じ姿をした専門用語もある．同様に，数学の専門用語のうち，「素数」や「コサイン」は日常会話であまり使わないが，他方「または」や「ならば」は日常会話で使う言葉と同じ姿をしている．

集合と論理を学ぶ際の心構え

(1) 専門用語の意味は，使い方の規則を通じて間接的に与えられることがある．
(2) 日常用語と同じ姿をした専門用語に油断するな．

さて，高校数学では，ものの集まりを集合という．しかし，この定義の下で大学数学を展開していくと，後々，不都合が起きることが知られている．そこで，念のため，言葉の使い方を少し修正する．

条件を，それをみたすものの集まりとしてとらえたものを**クラス**という．その条件をみたす個々のものを，そのクラスの**要素**，**元**，**メンバー**などとよぶ．クラスのうち，他のクラスの要素として扱っても差し支えないものを**集合**という．初心者が思いつくクラスはたいてい集合であるから，当面，クラスと集合の区別を気にしなくてよい．

COLUMN 「ものの集まりを集合という」ではだめなのか

19 世紀後半から 20 世紀前半にカントル，フレーゲ，ラッセル，ベルナイスほかが行った研究・議論の経緯に即していうと，集合とクラスについての説明は以下のよう

な順番になる．
  (1) ものの集まりを集合という．ただしメンバーであるかどうかの基準があいまいなものは集合といわない．
  (2) ところが，**ラッセルのパラドックス**という不思議な話があって，ものの集まりを集合といってしまうと不都合が起きる．
  (3) そこで，ものの集まりを集合というのは撤回する．（ベルナイス・ゲーデル集合論では）巨大すぎてもはや集合とはよべないものの集まりと，集合を総称してクラスということにする．

こうした順番の説明は面白いが，時間もかかるし初心者を混乱させるおそれもある．そこで 1.1.1 項では上記 (1)〜(3) と違う順番でクラスと集合を説明した．ラッセルのパラドックスについては，第 5 章最後のコラムでふれる．

1.1.2 導出の拡張

0.3 節で学んだとおり，中学数学ではふつう，p が偽のとき「p ならば q」を考えないので，「ならば」と「導く」の扱いがぎこちない．このぎこちなさは，小学校の算数は正の数と 0 しか扱わないため，引き算についてぎこちないのと似ている．

高校数学では p が偽の場合へ「p ならば q」を拡張している．ただし，この拡張は空集合と部分集合に関する約束の副産物として，こっそり行われる．そのため，多くの高校生にとって，この拡張を自覚するのはおそらく難しい．

本節では，p が偽の場合に「p ならば q」や「p から q を導ける」の解釈を拡張する．こっそりではなく，中学数学が負の数を導入するときのように，堂々と拡張する．

中 1 における拡張と本節における拡張の比較

中 1 における拡張
$a - b$ を，$a < b$ のときも考えられるように数の概念を拡張する．（拡張後にも $b + (a - b) = a$ が成り立つ．）

本節における拡張
p が偽な命題である場合や，つねに偽となる条件である場合に「p ならば q」および「p から q を導ける」という概念を拡張する．拡張後にも，「p ならば q」を導けることと，p から q を導けることは同じことになる．

1.1.3 記号

工学系の一部を中心に，∪ を「または」，∩ を「かつ」と読む方言も用いられている．この流儀では，集合をつなぐ記号と命題をつなぐ記号の区別があいまいになる．しかし，本書では数学科の慣例に従い，集合をつなぐ記号と命題をつなぐ記号を区別する．∪（ユニオン）と ∩（インターセクション）は集合どうしをつなぐためだけに用いる．命題どうしをつないだり，条件どうしをつないだりするときは「または」を ∨，「かつ」を ∧ で表す．たとえば，「$y = 2x$ かつ $x + y = 9$」という条件は「$y = 2x \land x + y = 9$」とも書ける．

高校では集合 A の補集合を $\overline{A}$ で表した．大学の数学科では，位相空間論という科目において，$\overline{A}$ という記号を補集合とは異なる意味（閉包）に用いることがある．そこで，混同を避けるため，補集合を記号 A^c で表すことがある．本章以降，A の補集合を A^c で表す．

p が命題または条件であるとき，高校では p の否定を $\overline{p}$ で表した．大学の数学科における否定の記号には，いろいろな方言がある．本章以降，p の否定を $\lnot p$ で表す．

命題を基本単位と考え，「または」，「かつ」，「… でない」，「ならば」について論じる論理学を**命題論理**という．

本章では，高校の「ならば」とは別に命題論理の「ならば」というものを導入し，記号 → で表す．命題論理の「ならば」の使い方の規則，意味，高校の「ならば」との関係は，追々説明していく．命題論理の「ならば」は，命題と命題をつないで命題を作ったり，条件と条件をつないで条件を作ったりする．

また，「小なりイコール」の不等号を高等学校では「≦」と書くが，大学での慣例に従い，本章以降では「≤」と書く．「大なりイコール」は「≥」である．

本章以降の記号に関する注意点

∪, ∩：集合どうしをつなぐとき使う．
∨, ∧：命題どうし，条件どうしをつなぐとき使う．
A^c：集合 A の補集合
$\lnot p$：命題（あるいは条件）p の否定
$p \to q$：p ならば q（命題論理のならば）
≤：小なりイコール， ≥：大なりイコール

中学校の文字式には，乗法・除法が加法・減法よりも優先的に結合するという約束があった．たとえば，$3 - 2x + 4y$ は $3 - (2 \times x) + (4 \times y)$ のことである．命題どう

しや条件どうしをつなぐ言葉についても，結合の優先順位がある．否定は結合力が強い．「または」と「かつ」は結合力が中程度であり，「ならば」は結合力が弱い．たとえば，$p \wedge q \to \neg r \vee s$ は，$(p \wedge q) \to ((\neg r) \vee s)$ を意味する．

記号の結合力
$\neg$：強，　　$\vee, \wedge$：中，　　$\to$：弱

記号についての話はいったんここで切り上げよう．補足は本章の最終節で行う．

1.1.4 導出の仮定

命題論理の導入方法にはいくつかの流儀がある．本書では**ゲンツェン**（人名，Gentzen）が 1935 年の論文で導入した**自然演繹の体系 NK** をお手本にする．NK の名は，「古典的自然演繹」を意味するドイツ語に由来する．

まずは「仮定」について説明する．「仮定」という言葉を広い意味に使う場合，出発点（水源にたとえたもの）となる命題や条件をすべて仮定とよぶ[*1]．ゲンツェンの自然演繹は，実際に数学で行われる証明と同様，仮定をもった導出を扱う．導出が合流したとき，基本的には仮定も合流する．たとえば，仮定 p_1, p_2, p_3 から p を導くことができ，仮定 q_1, q_2 から q を導くことができたとき，仮定 p_1, p_2, p_3, q_1, q_2 から $p \wedge q$ を導くことができる．

運用上は，当面疑う余地がない仮定と，一時的な仮定を分けて考えるとわかりやすい．両者の線引きに絶対的な基準はないが，たいていは文脈によって決まる．たとえば，中学校の平面幾何を論じている場合，「直線 ℓ と，その上にない点 P が与えられたとき，P を通って ℓ と平行な直線がただ一つ存在する」という命題は，当面疑いの余地がないものとして扱う（この命題は絶対的な真理というわけではなく，この命題を認めない幾何学もあるが，当面は疑わないということ）．一方，「ABC は三角形の頂点をなすとする」という命題は，一時的な仮定である．

実際に数学で行われる導出は，必ずしも絶対に正しいことの積み重ねだけで成り立っているわけではない．一時的な仮定をおいて何かを導き，その結果を踏まえて，一時的な仮定なしに何かを導いたことにすることがある．たとえば，「ABC が三角形の頂点をなすならば，その内角の和は $180°$」を示したいとき，まず「ABC が三角形の頂

[*1] 第 0 章では中学・高校の数学の慣例に従い，「p ならば q」の p を仮定とよんだ．ここでいう仮定とは意味が違う．言葉を使い分けたければ，「p ならば q」の p を前件，q を後件とよんでもよい．

点をなす」とする．ここで「ABCが一直線上にあるかもしれないではないか！」と怒る必要はない．これは一時的な仮定であり，返済計画のある借金のようなものである．この一時的な仮定と平面幾何の約束事を用いて，「三角形ABCの内角の和は180°である」を示す．ここまでできたところで，一時的な仮定なしで「ABCが三角形の頂点をなすならば，その内角の和は180°」を示したことになる．もはや，「ABCが三角形の頂点をなす」を一時的な仮定と考えなくてよくなったのであり，借金は返済できたのである．

自然演繹には**仮定の解消**という概念がある．ここから先の議論ではもうpを一時的な仮定として考えなくてよい，ということを「ここで仮定pが解消される」とか「ここで仮定pが落ちる」という．

☐ **例 1.1.1** (1) 仮定p_1, p_2, p_3, pからrを導くことができ，仮定q_1, q_2, qからrを導くこともできたときたとする．このとき，仮定$p_1, p_2, p_3, q_1, q_2, p \lor q$から$r$を導くことができる．新しい仮定$p \lor q$をおいた代わりに，ここで仮定$p, q$が解消される．これは，借り換えによる借金の一本化にたとえられる．

(2) 仮定p_1, p_2, p_3, pからqを導くことができたとする．このとき，仮定p_1, p_2, p_3から$p \to q$を導くことができる．ここで仮定pが解消される．

(3) 仮定p_1, p_2, p_3, pから矛盾を導くことができたとする．このとき，仮定p_1, p_2, p_3から$\neg p$を導くことができる．ここで仮定pが解消される．この論法は，高校数学の用語でいうと背理法の一種である．

本格的に自然演繹を論じるにはすべての仮定に気を配る必要がある．しかし，本書では今後，話を単純化するため，当面疑う余地がない仮定については言及を省略する．たとえばp_1, p_2, p_3, q_1, q_2は当面疑う余地のない仮定だとする．このとき例 1.1.1 (1)，(2)，(3) の文面を次のように言い表す．

(1′) pからrを導くことができ，qからrを導くこともできるとき，$p \lor q$からrを導ける．ここで仮定p, qが解消される．

(2′) pからqを導くことができるとき，$p \to q$を導くことができる．ここで仮定pが解消される．

(3′) pから矛盾を導くことができるとき，$\neg p$を導くことができる．ここで仮定pが解消される．

1.1.5 命題論理の規則

ここから，ゲンツェンの自然演繹の体系 NK をお手本として，命題論理の規則を導入する．説明の便宜上，前原 [8]^{*1}に倣い，命題論理に関する規則を三つのグループに分ける．

$p, q, r, p_1, \ldots, p_n$ は命題（あるいは条件）を表す．規則の多くは「何々の導入」，「何々の除去」というニックネームをもっている．正確には「何々の導入規則」，「何々の除去規則」というべきだが，短縮してこういう．何々のところに「または」や「かつ」などが入る．たとえば「または」の導入は，ほかの何かから $p \vee q$ を導くことについての規則である．また，「または」の除去は，$p \vee q$ からほかの何かを導くことについての規則である．

第 1 グループ

「または」の導入　　p から $p \vee q$ を導くことができる．q からも $p \vee q$ を導くことができる．

「または」の除去　　p から r を導くことができ，q から r を導くこともできるとき，$p \vee q$ から r を導ける．ここで仮定 p, q が解消される．

「かつ」の導入　　p と q から $p \wedge q$ を導くことができる．

「かつ」の除去　　$p \wedge q$ から p を導くことができる．$p \wedge q$ から q を導くこともできる．

「ならば」の導入　　p から q を導くことができるとき，$p \to q$ を導くことができる．ここで仮定 p が解消される．

「ならば」の除去　　p と $p \to q$ から q を導くことができる．

否定の導入　　p から矛盾を導けるとき，$\neg p$ を導ける．ここで仮定 p が解消される．

否定の除去　　p と $\neg p$ から矛盾を導くことができる．

---

*1 大学の教科書の中で，たとえば 山田 [17] というような表現が出てきたら，それはたいてい文献の参照であり，「本書巻末の文献リスト 17 番にある山田氏の本あるいは論文」という意味である．

第2グループ

矛盾についての規則[*1]　　矛盾からは何でも導ける．

第3グループ

二重否定の除去　　$\neg\neg p$ から p を導くことができる．

背理法　　$\neg p$ から矛盾を導けるとき，p を導ける．ここで仮定 $\neg p$ が解消される．

排中律　　$p \vee \neg p$ を導ける．

☐ **例 1.1.2** ● 「または」の導入により，$x = 2$ から $x = 2 \vee x = 3$ を導ける．
- 上記のとおり，$x = 2$ から $x = 2 \vee x = 3$ を導ける．そこで「ならば」の導入により，$x = 2 \to (x = 2 \vee x = 3)$ を導ける．ここでは「何々から $x = 2 \to (x = 2 \vee x = 3)$ を導ける」の「何々」なしで，$x = 2 \to (x = 2 \vee x = 3)$ を導ける．
- 排中律により，$x = 2 \vee \neg(x = 2)$ を導ける．ここでも「何々から $x = 2 \vee \neg(x = 2)$ を導く」の「何々」なしで，$x = 2 \vee \neg(x = 2)$ を導ける．

「何々から q を導ける」の何々なしで q を導けるとき，「p から q を導ける」のように無駄な仮定 p を追加しても間違いではない．

☐ **例 1.1.3（無駄な仮定を追加してもよい例）**　　$x = 5$ から $x = 2 \vee \neg(x = 2)$ を導ける．

複数の命題（あるいは条件）から何かを導くこともある．

☐ **例 1.1.4（「かつ」の導入の例）**　　$y = 2x$ と $x + y = 9$ から，$y = 2x \wedge x + y = 9$ を導くことができる．

☐ **例題 1.1.1**　　p, q は命題あるいは条件であるとする．上記で導入した命題論理の規則に基づいて，以下の問いに答えよ．
(1) $p \wedge q$ から p を導けることを示せ．
(2) q を仮定として用いてよいとする（将棋の持ち駒のように，導出の中で天下り的に q を登場させてよいとする．くだけた表現では「q が成り立つとする」と

[*1] この規則の呼び名は，あまり統一されていない．「intuitionistic absurdity rule」，「矛盾に関する推論規則」などとよぶこともあるし，矛盾を表す記号 $\bot$ (bottom) と intuitionistic の頭文字 i を用いて，この規則自体を「$\bot_i$」と表すこともある (Troelstra-Schwichtenberg [15])．

いう）．このとき，p から $p \wedge q$ を導けることを示せ．

解 (1)「かつ」の除去規則を適用すればよい．
(2) p と q から $p \wedge q$ を導けることを示せばよいが，これは「かつ」の導入規則そのものである．

命題論理に関する文脈においては，本項で述べた「ならば」の除去規則を**三段論法**，あるいは**モーダス ポーネンス**という．しかし，実際に数学の証明の中で「三段論法」として用いられるものは，これとは少し違って，$P \subset Q$, $a \in P$ という仮定から $a \in Q$ を導く論法を指すことが多い（0.3.4 項）．

1.1.6 規則の意味

規則の意味を厳密に専門的な立場から吟味するとそれなりに難しい論点が浮上してくるのであるが，論理のユーザーの立場から考えるととくに難しくはない．

「または」： 「または」の導入と除去の規則は，本節の「または（∨）」に対して，中学校や高等学校における「または」と同じ意味を与えている．つまり，$p \vee q$ は「p, q の少なくとも一方が成り立つ」を意味する．

「または」の除去を，場合分けの原理とみることもできる．つまり p の場合と q の場合，いずれにせよ r が成り立つとき，$p \vee q$ から r を導けるのである．野矢 [1] はこの規則に対して「いずれにせよ論法」というニックネームをつけている．

□ **例題 1.1.2** n が 3 で割り切れない整数のとき，n の 2 乗を 3 で割った余りは必ず 1 になることを示せ．

解 n は 3 で割り切れない整数であるとする．このとき，n を 3 で割った余りは 1 か 2 である（注意：暗に p：「n を 3 で割った余りは 1」，q：「n を 3 で割った余りは 2」という二つの条件を考え，$p \vee q$ が成り立つことをいっている）．
　場合 1：余りが 1 のとき．このときある整数 m を用いて $n = 3m+1$ となるから，$n^2 = 9m^2 + 6m + 1 = 3(3m^2 + 2m) + 1$．よって n^2 を 3 で割った余りは 1 である（注意：暗に r：「n^2 を 3 で割った余りは 1」という条件を考え，p から r を導いた）．
　場合 2：余りが 2 のとき．このときある整数 m を用いて $n = 3m+2$ となるから，$n^2 = 9m^2 + 12m + 4 = 3(3m^2 + 6m + 1) + 1$．よって，$n^2$ を 3 で割った余りは 1 である（注意：q から r を導いた）．
　以上により，n が 3 で割り切れない整数のとき，n^2 を 3 で割った余りは 1 であることが示された（注意：「または」の除去により，$p \vee q$ から r を導いた）．

「かつ」： 「かつ」の導入と除去の規則は，ここで扱っている「かつ（∧）」に対して，中学校や高等学校における「かつ」と同じ意味を与えている．つまり，$p \wedge q$ は「p, q の両方が成り立つ」を意味する．

命題論理の「ならば」： 「ならば」の導入と除去の規則により，$p \to q$ を導けることと，p から q を導けることは同じことになる．一見，中学校における「ならば」の意味づけと同じであるが，ここでは p が偽である場合も排除していないことに注意してほしい．

否定： 否定の導入規則は「矛盾を導く命題や条件は否定される」と解釈できる．これは否定を扱ううえで不可欠な規則である．否定の除去規則は「p と $\neg p$ が両方成り立つのは矛盾だ」と解釈できる．

矛盾： 否定の導入規則と除去規則だけではまだ，矛盾を特徴づけるのに不十分である．たとえていうと，この段階ではまだ「矛盾は，ほんとはいいやつ」という可能性を排除しきれない．矛盾についての規則は，この可能性を排除する役割をもつ．

二重否定の除去： 高等学校では，補集合の補集合はもとの集合と同じであると約束した．それと同様なことが，ここで扱っている否定についても成り立つと約束する．それが二重否定の除去規則である．哲学や情報科学の文脈においては，二重否定の除去規則がなかったらどうなるかという議論に一定の重要性がある．しかし，数学のほとんどの分野では何のためらいもなく二重否定の除去規則を受け入れる．二重否定の除去規則の下で，命題に対する否定は真を偽，偽を真に反転させる操作と解釈できる．

背理法： 否定の導入と二重否定の除去を組み合わせればただちに背理法を得る．つまり，こうである．$\neg p$ から矛盾が導かれたとする．すると否定の導入規則により，$\neg\neg p$ が導かれる．よって二重否定の除去規則により，p が導かれる．以上をまとめると，$\neg p$ から矛盾が導かれるとき p を導ける．これは背理法にほかならない．おおらかなものの言い方をするときは，否定の導入と背理法を総称して背理法ということもある．

ついでながら，第 1 グループの規則と二重否定の除去規則を用いると，「矛盾についての規則」を示せることが知られている．

排中律： 上でみたとおり，第 1 グループの規則と二重否定の除去規則を用いると背理法を示すことができる．同様に，第 1 グループの規則と二重否定の除去規則を用いると排中律を示せることが知られている．

まとめると，第 1 グループの規則と二重否定の除去規則から，第 2, 第 3 グループの残りの規則はすべて示せることが知られている．

1.1.7 簡単な拡張

$p \vee q \vee s$ は，建前上は $(p \vee q) \vee s$ のことであると約束する．ただし，論理のユーザーの立場においては，これと $p \vee (q \vee s)$ の違いを気にする必要はあまりない．というのも，以下が成り立つからである．

☐ **例 1.1.5** p, q, r は命題，あるいは条件であるとする．このとき，以下の結合法則，交換法則，べき等法則，分配法則が成り立つ．ただし，t から s を導くことができ，s から t を導くこともできることをこの例の中では「t と s は**同値**である」と表す．

結合法則（結合律） $(p \vee q) \vee r$ と $p \vee (q \vee r)$ は同値である．
$(p \wedge q) \wedge r$ と $p \wedge (q \wedge r)$ も同値である．
交換法則（交換律） $p \vee q$ と $q \vee p$ は同値である．$p \wedge q$ と $q \wedge p$ も同値である．
べき等法則（べき等律） $p \vee p$ と p は同値である．$p \wedge p$ と p も同値である．
分配法則（分配律） $(p \vee q) \wedge r$ と $(p \wedge r) \vee (q \wedge r)$ は同値である．
$(p \wedge q) \vee r$ と $(p \vee r) \wedge (q \vee r)$ は同値である．

例 1.1.5 を確かめる方針は以下のとおりである．例として $(p \vee q) \vee r$ から $p \vee (q \vee r)$ を導くところをみる．迷路と同じで，出口から逆にたどって作戦を立てればよい．

(i) $p \vee q$ から $p \vee (q \vee r)$ を導くことができ，
(ii) r からも $p \vee (q \vee r)$ を導ければ，
「または」の除去規則を使うことによって $(p \vee q) \vee r$ から $p \vee (q \vee r)$ を導ける．ここが出口である．もとの問題を，より小さい問題 (i), (ii) に分割できた．そこで (i) を攻める（小さい問題を一つずつ解決する）．
(iii) p から $p \vee (q \vee r)$ を導くことができ，
(iv) q からも $p \vee (q \vee r)$ を導ければ，
「または」の除去規則を使うことによって (i) を示せる．

ところが，(iii) は「または」の導入規則を用いて，(iv) も「または」の導入規則を繰り返し用いて容易に示せる．よって (i) が成り立つ．同様にして (ii) も示せる．以上により $(p \vee q) \vee r$ から $p \vee (q \vee r)$ を導けることがわかった．同様の努力を積み重ねると例 1.1.5 の残りの部分も示せる．しかも，第 1 グループの規則だけで済む．

> **証明の作戦を立てるときの定石**
>
> 迷路を出口から逆にたどれ．
> 大きい問題をより小さい問題に分割せよ．
> 小さい問題を一つずつ解決せよ．

☐ **例 1.1.6（3 通りの場合分けの原理）** p から r を導くことができ，q から r を導くことができ，s からも r を導くことができるとき，$p \lor q \lor s$ から r を導くことができる．

3 通りの場合分けの原理を受け入れるために新しい約束は必要ない．「または」の除去規則を繰り返し適用すればよいだけのことである．同様に，4 通りの場合分けの原理も成り立つ．

1.1.8 命題論理の「ならば」の感覚的な理解

数学においては，一方で揚げ足取りされないように緻密な議論を行うことも大事だが，他方で感覚的な理解につとめることも大事である．集合と論理も例外ではない．

たとえば，無限級数についての次の式を考えてみよう．

$$\frac{1}{2} + \frac{1}{2^2} + \frac{1}{2^3} + \cdots + \frac{1}{2^n} + \cdots = 1$$

数学科の授業では，上記の式を ε-N（イプシロン・エヌ）論法という緻密な議論によって合理的に説明するだろう．ただし，少々まわりくどい議論になる．一方，工学部の授業では，この式を「十分大きな自然数 n に対して和 $1/2 + 1/2^2 + 1/2^3 + \cdots + 1/2^n$ をとると，その値は近似的に 1 である」と説明するかもしれない．「十分大きな」「近似的」という部分にあいまいさがあるが，感覚的な理解の助けになる．

命題論理の導入をしている最中のわれわれにとって，緻密な議論に相当するのは命題論理の自然演繹，すなわち，1.1.5 項の規則に基づく導出である．

文献によっては「$\neg p \lor q$ のことを $p \to q$ という」と定義するものもある．本書ではそうしていないが，論理のユーザーの立場においては $\neg p \lor q$ と $p \to q$ の区別を気にする必要はない．というのは，第 1，2，および第 3 グループの規則を用いると，以下を示せるからである．

☐ **例 1.1.7** p, q は命題あるいは条件であるとする．このとき以下が成り立つ．ただし，ここでの「同値」の意味は，例 1.1.5 におけるものと同じである．

(1) $p \to q$ と $\neg p \lor q$ は同値である.
(2) $(p \to q) \land (q \to p)$ と $(p \land q) \lor (\neg p \land \neg q)$ は同値である.

例 1.1.5 と同様に，迷路を出口から逆にたどる，大きい問題を小さい問題に分割する，そして小さい問題を一つずつ解決する，という方針で努力すれば証明できる.

$\neg p \lor q$, すなわち「p でないか，または q」について感覚的に理解するため，これとよく似ているがもっとわかりやすい数式を考察してみよう.

0 と 1 のどちらかの値しかとれない変数 x, y に対して「$x \leq y$」と「$x = 0$ または $y = 1$」の真偽をまとめると，以下のとおりとなる.

(1) 「$0 \leq 0$」は成り立つ.「$0 = 0$ または $0 = 1$」も成り立つ.
(2) 「$0 \leq 1$」は成り立つ.「$0 = 0$ または $1 = 1$」も成り立つ.
(3) 「$1 \leq 0$」は成り立たない.「$1 = 0$ または $0 = 1$」も成り立たない.
(4) 「$1 \leq 1$」は成り立つ.「$1 = 0$ または $1 = 1$」も成り立つ.

つまり，0 と 1 のどちらかの値しかとれない変数 x, y に対して，「$x \leq y$」と「$x = 0$ または $y = 1$」は同じことである．このことは $\neg p \lor q$ の感覚的な意味を示唆する.

同様に，「$x = y$」と「$x = y = 1$ または $x = y = 0$」は同じことである．このことは $(p \land q) \lor (\neg p \land \neg q)$ の感覚的な意味を示唆する.

命題とは，真 (true) か偽 (false) のいずれかであるような文のことである．この真，あるいは偽のことをその命題の**真理値**という．真を 1，偽を 0 と解釈するとき，「ならば」の意味を次のように解釈できる.

命題論理の「ならば」の感覚的な意味

$\to$ は真理値の $\leq$ （小なりイコール）
$\leftrightarrow$ は真理値の $=$ （イコール）

☐ **例 1.1.8** 0 と 1 のどちらかの値しかとれない変数 x, y に対して，「$x \leq y$」が成り立たないことと「$x = 1$ かつ $y = 0$」は同じことである．「$x = 1$ かつ $y = 0$」に対応するのは $p \land \neg q$ であることに注意しよう.

$(p \to q) \land (q \to p)$ を $p \leftrightarrow q$ と略記することがある.

1.1.9 力ずくの場合分け

排中律は次のように拡張できる.

☐ **例 1.1.9** p, q, r は命題あるいは条件であるとする. 第 1 グループの規則と排中律を用いると,以下を示せることが知られている.
  (1) $(p \wedge q) \vee (p \wedge \neg q) \vee (\neg p \wedge q) \vee (\neg p \wedge \neg q)$ を導ける.
  (2) $(p \wedge q \wedge r) \vee (p \wedge q \wedge \neg r) \vee (p \wedge \neg q \wedge r) \vee (p \wedge \neg q \wedge \neg r) \vee (\neg p \wedge q \wedge r) \vee (\neg p \wedge q \wedge \neg r) \vee (\neg p \wedge \neg q \wedge r) \vee (\neg p \wedge \neg q \wedge \neg r)$ を導ける.

4 通りの場合分けの原理と例 1.1.9 (1) を組み合わせると,以下の論法を得る.

☐ **例 1.1.10** p, q は命題あるいは条件であるとする. s, t はいずれも p, q を組み合わせた命題あるいは条件であるとする(たとえば,s は $p \wedge q$ でもよいし $p \to q$ でもよい).
  (1) $(p \wedge q) \to (s \leftrightarrow t)$, $(p \wedge \neg q) \to (s \leftrightarrow t)$, $(\neg p \wedge q) \to (s \leftrightarrow t)$ および $(\neg p \wedge \neg q) \to (s \leftrightarrow t)$ から,$s \leftrightarrow t$ を導ける.
  (2) $(p \wedge q) \to s$, $(p \wedge \neg q) \to s$, $(\neg p \wedge q) \to s$ および $(\neg p \wedge \neg q) \to s$ から,s を導ける.

つまり,p と q の真偽に関する 4 通りの場合分けのおのおのにおいて $s \leftrightarrow t$ であることを示せば,$s \leftrightarrow t$ を導いたことになる.
また,4 通りの場合分けのおのおのにおいて s を示せば,s を導いたことになる.

8 通りの場合分けの原理と例 1.1.9 (2) を組み合わせると,命題 p, q, r を組み合わせた命題 s, t についても同様の論法を得る.

これらの論法によって,力ずくの場合分けによる導出ができる.例として,命題の分配法則をあえて力ずくの場合分けによって導出してみよう.命題の分配法則は第 1 グループの規則だけで証明できる[*1].しかも,例 1.1.9 を示すときにふつう,命題の分配法則を使う.ゆえに,本書の設定の下では,力ずくの場合分けで命題の分配法則を示すのはナンセンスである.しかし,「これならわかる,自分でもできる」という体験をすることは初心者の学習意欲を高めるので,あえてやってみる.

まず,p, q, r は命題であるとする. $s:$「$(p \vee q) \wedge r$」と $t:$「$(p \wedge r) \vee (q \wedge r)$」が同値であることを示すのが目標である.本当に何も工夫しなければ,p, q, r のそれぞれ

[*1] 数学科の 1・2 年次学生は,命題に関する分配法則を第 1 グループの規則だけで証明できなくてもよい.どうしても気になる人は,第 5 章のあとの補遺を見るとよいだろう.

が成り立つかによる場合分けをして $2^3 = 8$ 通りの場合を考える．それでもよいのだが，少しだけ工夫する．

解1（ほぼノーカット版）

> 排中律によって $r \vee \neg r$ を導ける．そこで r と $\neg r$ で場合分けする．
> 　場合1：r のとき．このとき，例題 1.1.1 により $s \leftrightarrow p \vee q$ を導ける．同様にして $p \wedge r \leftrightarrow p$ と $q \wedge r \leftrightarrow q$ を導けるので，「または」の除去と導入ほか第1グループの規則を繰り返し用いて $t \leftrightarrow p \vee q$ を導ける．よって，$s \leftrightarrow t$ を導ける．
> 　場合2：$\neg r$ のとき．このとき，$\neg s$ を導ける（もう少しくわしくいうと，s から矛盾を導けるから，否定の導入により $\neg s$ を導ける）．同様に $\neg(p \wedge r)$ と $\neg(q \wedge r)$ を導くことができて，この二つを用いると $\neg t$ を得る（もう少しくわしくいうと，$p \wedge r$ のときも $q \wedge r$ のときも矛盾を導けるから，「または」の導入により t から矛盾を導ける．よって，否定の導入により $\neg t$ を導ける）．以上により $\neg s$ と $\neg t$ を導くことができた．よって，「かつ」の導入により $\neg s \wedge \neg t$ を得る．ゆえに，例 1.1.7 によって $s \leftrightarrow t$ を導ける．
> 　以上により，「または」の除去規則から $(r \vee \neg r) \to (s \leftrightarrow t)$ を得る．よって，排中律 $r \vee \neg r$ と「ならば」の除去規則により，$s \leftrightarrow t$ を得る．

原理的には上記の解1のように証明していけばよいのであるが，大変である．数学においては特段の理由がない場合，命題論理に関する上記のような証明は方針とあらすじだけ書いてよしとする．たとえば，以下のとおりである．

解2（方針とあらすじだけバージョン）

> 　場合1：r が成り立つとき．s も t も $p \vee q$ と同値だから，s と t は同値である．
> 　場合2：r が成り立たないとき．s も t も成り立たないから，s と t は同値である．
> 　以上により，s と t は同値である．

これ以降，本書では特段の理由がない限り，命題論理に関する証明は解2のレベルでよしとする．問 1.1.1 も第1グループの規則だけで示せるが，解答には第2グループや第3グループの規則を用いてかまわない．例題 1.1.3 も第1グループの規則だけで示せるが，あえて力ずくの場合分けによる解法を示しておく．

◆問 1.1.1 (命題に関する分配法則)　p, q, r は命題であるとする．$s:$「$(p \wedge q) \vee r$」と $t:$「$(p \vee r) \wedge (q \vee r)$」が同値であることを，場合分けによって証明せよ．

☐ 例題 1.1.3 (命題に関するドモルガンの法則)　p, q は命題であるとする．$s:$「$\neg(p \vee q)$」と $t:$「$\neg p \wedge \neg q$」が同値であることを，場合分けによって証明せよ．

解　場合 1：p が成り立つとき．$p \vee q$ が成り立つから s は成り立たない．また，$\neg p$ が成り立たないから t も成り立たない．つまり，s も t も成り立たないから，s と t は同値である．

　　場合 2：p が成り立たないとき．$p \vee q$ は q と同値だから，s は $\neg q$ と同値である．一方，$\neg p$ が成り立つから t も $\neg q$ と同値である．よって，s と t は同値である．

　　以上により，s と t は同値である．

◆問 1.1.2 (命題に関するドモルガンの法則)　p, q は命題であるとする．$s:$「$\neg(p \wedge q)$」と $t:$「$\neg p \vee \neg q$」が同値であることを，場合分けによって証明せよ．

p, q, r が条件のときも，分配法則とドモルガンの法則が成り立つ．証明もまったく同様である．

☐ 例題 1.1.4 (「ならば」命題の否定の言い換え)　p, q は命題であるとする．$\neg(p \to q)$ と $p \wedge \neg q$ が同値であることを証明せよ．ただし，例 1.1.7 の結果を用いてよい．

解　例 1.1.7 により $p \to q$ は $\neg p \vee q$ と同値である．よってその否定は，ドモルガンの法則（例題 1.1.3）により $p \wedge \neg q$ と同値である．

例題 1.1.4 の感覚的な意味は，例 1.1.8 によって与えられる．

1.2　集　合

1.2.1　集合の表し方

われわれは文脈に応じて，集合が条件に結びついていることを強調したり，集合がものの集まりであることを強調したりする．数学で使う括弧のうち「{ }」を**ブレース**あるいは**波括弧**という．ブレースの中に変数，縦線「|」（あるいはコロン「:」），変数がみたすべき条件をこの順に書いて集合を表すことを**内包的記法**という．また，要素をカンマで区切ってブレースの中に書き並べて集合を表すことを**外延的記法**という．

☐ 例 1.2.1　1 以上 6 以下の奇数全体の集合を内包的記法で書くと，

$\{x \mid x$ は 1 以上 6 以下の奇数 $\}$. これは $\{x \mid x = 1 \lor x = 3 \lor x = 5\}$ とも書ける. これを外延的記法で書くと, $\{1, 3, 5\}$ となる.

集合 E を一つ決めて, 当面, 要素を表す変数の変域を E に限るとき, E を全体集合あるいは普遍集合というのであった. 条件 $p(x)$ が与えられたとき, 内包的記法 $\{x \mid x \in E \land p(x)\}$ で表される集合のことを $\{x \in E \mid p(x)\}$ と書く. これも内包的記法の一種である. この集合を $p(x)$ の**真理集合**ともいう. 誤解のおそれがなければ, $p(x)$ の真理集合を単に $\{x \mid p(x)\}$ と略記することも多い.

内包的記法と外延的記法のどちらにも当てはまらないが, よく使われる記法がほかにもある. 集合 A と, A を定義域とする関数 $f(x)$ が与えられたとしよう. x の変域を A としたとき $f(x)$ がとりうる値全体の集合を考える. 内包的記法で書くと, $\{y \mid A$ のある要素 x に対し $y = f(x)\}$ である. これを $\{f(x) \mid x \in A\}$ と書く. くわしくは, 関数についての節で述べる.

☐ **例 1.2.2** θ が $-\pi/2$ から $(2/3)\pi$ の範囲を動くとき, $\cos\theta$ が動く範囲は $\{\cos\theta \mid -\pi/2 \leq \theta \leq (2/3)\pi\} = \{x \in \mathbb{R} \mid -1/2 \leq x \leq 1\}$ である.

集合の表し方

$\{x \mid p(x)\}$ とは, 条件 $p(x)$ をみたすものすべてからなる集合のこと (内包的記法).
$\{a_1, \ldots, a_n\}$ とは, $\{x \mid x = a_1 \lor \cdots \lor x = a_n\}$ のこと (外延的記法).
$\{x \in E \mid p(x)\}$ とは, $\{x \mid x \in E \land p(x)\}$ のこと (全体集合が与えられたときの内包的記法).
$\{f(x) \mid x \in A\}$ とは, $\{y \mid A$ のある要素 x に対し $y = f(x)\}$ のこと (関数がとりうる値の集合).

一つも要素をもたない集まりを**空集合**という. 記号 $\emptyset$ で表す. $\varnothing$ という記号を使う文献もよくみかける. 高校の教科書の一部ではギリシア文字の小文字ファイ ϕ を使っている.

1.2.2 部分集合

A, B が「何々全体の集合」, とくに「何々」が簡単な概念であるような集合であるとき, A が B の部分集合であるとは, A より B のほうが広い意味をもつことだと思えばよい. たとえば, 平行四辺形全体の集合は台形全体の集合の部分集合である. 一

般的な定義は以下のとおりである．

■ **定義 1.2.1** すべての x に対して「$x \in A \to x \in B$」が成り立つとき，A は B の**部分集合**であるといい，$A \subset B$ と表す．A は B に**含まれる**ともいう．B の部分集合のうち B と等しくないものを B の**真部分集合**という．

☐ **例 1.2.3** A は集合であるとする．このとき，(1) A は A の部分集合である．また，(2) 空集合 $\emptyset$ も A の部分集合である．とくに $A = \emptyset$ である場合を考えると，(3) $\emptyset$ は $\emptyset$ の部分集合である．

例 1.2.3 は決して，A が A の一部分であるといっているわけではない．部分集合は専門用語なのである．例 1.2.3 が主張していることは以下のとおりである．

(1) すべての x に対し，$x \in A \to x \in A$．
(2) すべての x に対し，$x \in \emptyset \to x \in A$．
(3) すべての x に対し，$x \in \emptyset \to x \in \emptyset$．

第 0 章で述べた高校数学においては，「空集合は，いかなる集合に対してもその部分集合である」と約束した．この流儀ではそれ以上根拠をさかのぼることはできない．

一方，本章は論理の規則から出発する立場なので話の設定が違う．「$x \in A$」から「$x \in A$」を導けるから「$x \in A \to x \in A$」を導ける．よって例 1.2.3 (1) が成り立つ．また，矛盾についての規則「矛盾からは何でも導ける」を用いて「$x \in \emptyset$」から「$x \in A$」を導ける．したがって「$x \in \emptyset \to x \in A$」を導けるので，例 1.2.3 (2) が成り立つ．同様に「$x \in \emptyset \to x \in \emptyset$」も導けるから，例 1.2.3 (3) が成り立つ．

1.2.3 集合の演算

数どうしには等号や不等号などの関係がある．また，加法や乗法などの演算がある．集合どうしの等号や演算などをみていこう．集合について「$A \subset B$ かつ $B \subset A$ のとき $A = B$」と約束する．この約束を**外延性公理**とよぶ．

次に，集合どうしの演算をみていこう．まずは全体集合をとくに意識しない場合から始める．和集合と共通部分をそれぞれ以下のように定義する．

$$A \cup B = \{x \mid x \in A \lor x \in B\}, \quad A \cap B = \{x \mid x \in A \land x \in B\}$$

これらについて以下の法則が成り立つ．

結合法則（結合律）

$(A \cup B) \cup C = A \cup (B \cup C), \quad (A \cap B) \cap C = A \cap (B \cap C)$

交換法則（交換律）

$A \cup B = B \cup A, \quad A \cap B = B \cap A$

べき等法則（べき等律）

$A \cup A = A, \quad A \cap A = A$

分配法則

$(A \cup B) \cap C = (A \cap C) \cup (B \cap C), \quad (A \cap B) \cup C = (A \cup C) \cap (B \cup C)$

次に全体集合 E が与えられている場合を考えよう．E の部分集合 A が与えられたとき，A の補集合は次のように定義される．

$$A^c = \{x \in E \mid x \notin A\}$$

このときドモルガンの法則が成り立つ．

ドモルガンの法則

$(A \cup B)^c = A^c \cap B^c, \quad (A \cap B)^c = A^c \cup B^c$

第 0 章においては，集合のドモルガンの法則をベン図によって説明した．高校数学では，これを根拠として，条件に関するドモルガンの法則を説明することもある．

一方，本章では三つの条件 $x \in A$, $x \in B$, $x \in C$ に対して，条件の結合法則を適用することにより，集合の結合法則を得る．交換法則，べき等法則，分配法則，ドモルガンの法則も同様である．

また，高校数学では約束として「補集合の補集合はもとの集合と等しい」とした．本章の立場では，二重否定の除去を用いて $\neg\neg x \in A \leftrightarrow x \in A$ を導き，これを根拠として $A^{cc} = A$ を得る．

1.3 任意と存在

1.3.1 「すべて」と「ある」の否定

数学では，「すべて」という言葉を「例外なく」の意味に用いる．ここでは，全体集

合を E とし，変数 x の動く範囲は E であるとする．「すべて」が「例外なく」の意味であるとは，以下の約束を意味する．

任意命題の否定（約束）　　条件 $p(x)$ が与えられたとき
　（ア）「すべての x に対して $p(x)$」
の否定命題は
　（イ）「$\neg p(x)$ となる x がある」
と同値である，と約束する．

　全体集合 E が簡単なもの，たとえば $\{1, 2, 3\}$ である場合には，p と x についてあらゆる可能性を調べ尽くすことにより，（ア）の否定が（イ）と同じことになるという法則を実証できる．一般の場合には実証のしようがなく，約束として（ア）の否定と（イ）を同値であるとみなす．この約束により，以下が成り立つ．

存在命題の否定
　（ウ）「$p(x)$ が成り立つような x がある」
の否定命題は
　（エ）「すべての x に対して $\neg p(x)$」
と同値である．

　（ア）と（イ）が同値であること，および（ウ）と（エ）が同値であることも，ドモルガンの法則とよぶことがある．

　ゲンツェンの自然演繹の体系 NK には命題論理の規則だけではなく，述語論理の規則，すなわち任意と存在についての規則もある．具体的には任意の導入規則，任意の除去規則，存在の導入規則，存在の除去規則である．これらを用いると，上記の「任意命題の否定（約束）」を定理として証明できる．ただし本書では読者がまだ「すべて」や「ある」に慣れていないと想定し，これらについては NK に従わず，より初等的な説明を行っている．

　なお，NK のスタイルで論理を扱う場合，ふつうはさらに等号と代入に関する規則も導入する．それによって，代入によって証明の筋道が合流する場合を厳密に扱えるようになる．本書では等号と代入についても厳密な取り扱いはしない．

1.3.2 任 意

「すべての」を「任意の」ともいう．日常用語の「任意」との意味の違いに注意する必要がある．

---「任意の x に対して $p(x)$」という命題の解釈---

誤　「自分の好きなように x を選べば $p(x)$」
正　「他人が好きなように x を選んでも必ず $p(x)$」

標語としていうと「自分の任意ではなく，他人の任意」である．

1.3.3 冠頭形

修飾される条件の前に「すべて」あるいは「任意」をおいた形の文，たとえば「すべての x に対して $p(x)$」や「任意の x に対して $p(x)$」を**冠頭形** (prenex form) という．ときには「$p(x)$ (for all x)」のように，修飾される条件のあとに「すべて」や「for all」をおくこともある．大事なことを先に書きたい気持ちからこう書くのであろう．しかし冠頭形のほうが，論理学的にはあらたまった書き方といえる．「$r(x)$ となる x がある」を

「次のような x が存在する：$r(x)$」

と書いたり，

「ある x が存在して $r(x)$」

と書くことがある．これらも冠頭形という．

存在命題の冠頭形は日本語として少々不自然かもしれないが，

「すべての x に対して $\cdots$ が成り立つような y がある」

という文が 2 通りに解釈されるのを予防してくれる．

□ **例 1.3.1**　変数の動く範囲を集合 $E = \{$ グー，チョキ，パー $\}$ として，

「すべての手 x に対してそれに勝てるような手 y がある」

という文を考える．この文は

(1)「どんな手 x に対しても，それに勝てる手 y を選ぶことができる」

（という真な命題）と

(2)「いかなる手 x に対しても勝てる，そんな最強の手 y がある」

（という偽な命題）の 2 通りの意味にとられるおそれがある．

一方「任意の x に対して，ある y が存在して，y は x に勝つ」は (1) の意味だとわかる．また，「ある y が存在して，任意の x に対して，y は x に勝つ」は (2) の意味だとわかる．

1.3.4 任意記号と存在記号

「すべての x に対して $p(x)$」を「$\forall x\ p(x)$」とも書く．「$\forall$」を**任意記号**，あるいは**全称記号**という．また，「ある x に対して $p(x)$」を「$\exists x\ p(x)$」と書く．「$\exists$」を**存在記号**，あるいは**特称記号**という．任意記号と存在記号を合わせて**量化記号**という．

冠頭形の命題を任意記号と存在記号を用いて表すことにより，ド モルガンの法則（任意命題の否定）を次のように簡潔に表せる．

$\neg \forall x\ p(x)$ と $\exists x\ \neg p(x)$ は同値である．

また，ド モルガンの法則（存在命題の否定）を次のように表せる．

$\neg \exists x\ p(x)$ は $\forall x\ \neg p(x)$ と同値である．

☐ **例題 1.3.1** 変数 x, y の動く範囲は実数であるとする．以下の文を任意記号と存在記号を用いた冠頭形に翻訳せよ．
  (1) 「$x^2 \geq 0$ (for all x)」
  (2) 「任意の y に対して $x + y = y$，となるような x が存在する」

考え方 高校までの国語や英語で培った力を応用しよう．単語単位で機械的に翻訳したものをたし合わせようとしてはいけない．文が主張する内容と文の構造を意識して翻訳すること．

解 (1) $\forall x\ x^2 \geq 0$ (2) $\exists x\ \forall y\ x + y = y$

◆**問 1.3.1** 変数 x, y の動く範囲は整数であるとする．以下の文を任意記号と存在記号を用いた冠頭形に翻訳せよ．
  (1) 「どのような y に対しても $x = y^2$ とはならない，ということがある x に対して成り立つ」
  (2) 「ある y が存在して $x + y = 0$，ということが任意の x に対して成り立つ」

☐ **例題 1.3.2** 変数 i, j の動く範囲は正の整数であるとする．数列 $\{a_n\}$ について次の六つの文を考える．これらについてあとの問い (1), (2) に答えよ．

p_1：「任意の i に対してある j が存在し，$a_i a_j = 1$」
p_2：「任意の i と任意の j に対し，$a_i a_j = 1$」
p_3：「ある i が存在して任意の j に対し，$a_i a_j = 1$」
p_4：「ある i とある j が存在して，$a_i a_j = 1$」
p_5：「ある i に対して任意の j が存在し，$a_i a_j = 1$」
p_6：「任意の i が存在してある j に対し，$a_i a_j = 1$」

(1) 文 p_1 から p_6 のうち，命題になっていないもの（言葉づかいの誤りにより，数学の命題として失格であるもの）を二つあげ，それらのどこがおかしいか指摘せよ．

(2) 命題 p_7：「任意の i に対してある j が存在し，$a_i a_j \neq 1$」の否定命題と同値な命題はどれか．p_1 から p_6 の中から一つ選べ．また，その選んだ命題がなぜ p_7 の否定命題と同値なのか，理由を簡潔に述べよ．

考え方 「¬∃」を「∀¬」に変換する規則を機械的に「¬ ある ＝ 任意 ¬」と覚えるのは危険である．「ある … が存在して」の「ある」の部分だけ「任意」に書き換えて「が存在して」をとりこぼしてはいけない．次のように考えよう．「ある x に対して」は「ある」＋「x」＋「に対して」ではなく，「ある … に対して」＋「x」なのであり，「ある … に対して」＝「ある … が存在して」である．

解 (1) p_5 には「任意の j が存在し」という部分があり p_6 には「任意の i が存在して」という部分がある．しかし，**「任意のナントカが存在し」は誤った言葉づかい**である．　**答**　p_5 と p_6．

(2) 任意記号と存在記号を用いた冠頭形で p_7 を表すと，「$\forall i \ \exists j \ a_i a_j \neq 1$」となる．そこで，$\neg p_7$ にドモルガンの法則（任意命題の否定）を適用すると，同値な命題として「$\exists i \ \neg \exists j \ a_i a_j \neq 1$」を得る．さらに，ドモルガンの法則（存在命題の否定）を適用すると，同値な命題として p_3 を得る．　**答**　p_3．

◆問 1.3.2　命題 p_8：「ある i が存在して任意の j に対し，$a_i a_j \neq 1$」の否定命題と同値な命題はどれか．例題 1.3.2 の p_1 から p_4 の中から一つ選べ．また，その選んだ命題がなぜ p_8 の否定命題と同値なのか，理由を簡潔に述べよ．

1.4　「ならば」と部分集合

1.4.1　二つの「ならば」の関係

ここまでで学んだ二つの「ならば」についてまとめておこう．命題論理の「ならば」

を → で，高校のときから使っている「ならば」を ⇒ で表す．記号 → と ⇒ をこのように使い分けるのは，本書だけではない．しかしこの使い分けが標準的というほどでもない．多々ある有力な方言の一つと思ってもらいたい．

命題論理の「ならば」

$p \to q$ は $\neg p \lor q$ と同値である．

真な命題の真理値を 1, 偽な命題の真理値を 0 で表すとき，$p \to q$ とは「(p の真理値) $\leq$ (q の真理値)」のことだと思ってよい．

高校のときから使っている「ならば」

「任意の x に対して，$p(x)$ ならば $q(x)$」と書くべきところを単に「$p(x)$ ならば $q(x)$」と略記することがある．つまり，$\forall x \; (p(x) \to q(x))$ のことを $p(x) \Rightarrow q(x)$ と書く．

たとえば，集合 A, B に対して，$A \subset B$ とは $x \in A \Rightarrow x \in B$ のことである．

1.4.2 真理集合と「ならば」

全体集合 E と条件 $p(x)$ が与えられたとき，集合 $\{x \mid p(x)\}$ を $p(x)$ の真理集合というのであった（1.2.1 項）．

いま $q(x)$ も条件であるとし，$p(x), q(x)$ の真理集合をそれぞれ A, B としよう．$p(x) \lor q(x)$ の真理集合は $A \cup B$ であり，$p(x) \land q(x)$ の真理集合は $A \cap B$ であり，$\neg p(x)$ の真理集合は A^c である．

要注意なのは，命題論理の「ならば」で二つの条件をつないで $\neg p(x) \lor q(x)$ という条件を作り，真理集合を考える場合である．その真理集合は $A^c \cup B$ になる（図 1.4.1）．

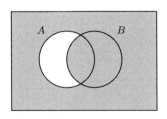

図 1.4.1 $A^c \cup B$ （網掛け部分）

1.4.3 部分集合になることと同値な主張

☐ **例題 1.4.1** $p \Rightarrow q$ の反例があること，すなわち

(1) $\exists x \ (p(x) \wedge \neg q(x))$

は，$\neg(p \Rightarrow q)$ と同値である．この二つが同値であることを本章の設定の下で証明せよ[*1]．

> **解** 「ならば」命題の否定の言い換え（例題 1.1.4）により，(1) は (2) と同値である．
>
> (2) $\exists x \ \neg(p(x) \to q(x))$
>
> ド モルガンの法則（任意命題の否定）により (2) は $\neg \forall x \ (p(x) \to q(x))$ と同値である．これは $\neg(p \Rightarrow q)$ である．

例題 1.4.1 を用いて，部分集合についての感覚的な理解を試みよう．

● **補題 1.4.1** 「集合 A の要素で集合 B に属さないものはない」と「A が B の部分集合である」は同値である．

証明 例題 1.4.1 により，$\exists x \ (x \in A \wedge x \notin B)$ と $\neg(x \in A \Rightarrow x \in B)$ は同値である．同値な二つの命題の否定どうしも同値となるから，両者の否定を作ってから二重否定を除去すると，$\neg \exists x \ (x \in A \wedge x \notin B)$ と $x \in A \Rightarrow x \in B$ は同値とわかる．すなわち，「集合 A の要素で集合 B に属さないものはない」と「A が B の部分集合である」は同値である． ☐

つまり，「$A \subset B$」とは「$A \cap B^c = \phi$」（図 1.4.2）と同値であり，くだけていえば「A が B からはみ出さない」ということである．空集合は A からはみ出さないから，A の部分集合である．これは $x \in \emptyset \to x \in B$ に対する感覚的な理解を与える．例 0.2.2 で $E = \{$ 親指，人差し指，中指，薬指，小指 $\}$ の部分集合 A, B を考えたことを思い出そう．$A \subset B$ が成り立つとは，左手の形が右手の形からはみ出さないのと同じことであった．じゃんけんのグーの形が空集合に相当した．たしかに，グーの形の左手

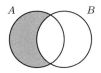

図 1.4.2 $A \cap B^c$（網掛け部分）

[*1] この例題により，反例についての懸案事項（0.4 節）が解決する．

は右手からはみ出さない．

本項で学んだことを踏まえて，例 0.2.3 にもう一度取り組んでみる．それが以下の例題である．

☐ **例題 1.4.2** (1) $\{1,2,3\}$ が $\{2,3,4\}$ の部分集合でないことを示せ．
(2) $\{1,2,3\} \neq \{2,3,4\}$ を示せ．

考え方 (1) 補題 1.4.1 に基づいて判断する．$A \subset B$ の否定は，A の要素で集合 B に属さないものがあることと同値である．(2) 外延性公理に基づいて判断する．$A \neq B$ とは，「$A \subset B$ かつ $B \subset A$」の否定である．すなわち，$A \subset B$, $B \subset A$ の少なくとも一方が成り立たないことである．

解 (1) 1 は $\{1,2,3\}$ の要素だが $\{2,3,4\}$ には属さない．よって，$\{1,2,3\}$ は $\{2,3,4\}$ の部分集合でない．
(2) 上で示したとおり $\{1,2,3\}$ は $\{2,3,4\}$ の部分集合でない．二つの集合が等しいとは互いに相手の部分集合となること（外延性公理）だから，$\{1,2,3\} \neq \{2,3,4\}$ が成り立つ．

☐ **定理 1.4.1** 集合 A, B について，以下三つの主張は同値である．
(1) $A \subset B$
(2) $A \cup B = B$
(3) $A = A \cap B$

証明 (1) から (2) を導けることの証明：(1) が成り立つとする．このとき $A \cup B \subset B$．一方，$B \subset A \cup B$．よって $A \cup B = B$．すなわち，(2) が成り立つ．

(2) から (1) を導けることの証明：(2) が成り立つとする．このとき $A \subset A \cup B = B$．よって，(1) が成り立つ．

(1) から (3) を導けることの証明：(1) が成り立つとする．このとき $A \subset A \cap B$．一方，$A \cap B \subset A$．よって $A = A \cap B$．すなわち，(3) が成り立つ．

(3) から (1) を導けることの証明：(3) が成り立つとする．このとき $A = A \cap B \subset B$．よって，(1) が成り立つ． □

☐ **例 1.4.1** 定理 1.4.1 の (2) を先述の例 0.2.2 の設定において解釈してみよう．$A \cup B$ とは，手の形 A と手の形 B を重ねた形を表す．それが B に等しいとは，すなわち，A が B からはみ出さないことである．

1.4.4 対　偶

命題論理の「ならば（→）」に関する対偶を次のように定める．命題 $p \to q$ に対して，$\neg q \to \neg p$ をもとの命題の**対偶**という．

☐ **例題 1.4.3**　命題論理の「ならば」に関する対偶は，もとの命題と同値であることを示せ．

解　$p \to q$ から $\neg q \to \neg p$ を導くこと：$p \to q$ を仮定としておく．$\neg q$ と p から矛盾を導ける（p と $p \to q$ に「ならば」の除去を適用して q を得る．$\neg q$ と q から，否定の除去により矛盾を得る）．よって否定の導入により，$\neg q$ から $\neg p$ を導けることになる．したがって「ならば」の導入により，$\neg q \to \neg p$ を導ける．以上により，$p \to q$ から $\neg q \to \neg p$ を導けることがわかった．

$\neg q \to \neg p$ から $p \to q$ を導くこと：上と同様にして示せる．

次に 1.4.1 項でみた集合の包含関係に対応する「ならば（⇒）」について，命題 r：「$p(x) \Rightarrow q(x)$」を考える．その対偶は r'：「$\neg q(x) \Rightarrow \neg p(x)$」と定める．1.4.1 項での約束により，$r$ を正確に書くと $\forall x\, (p(x) \to q(x))$，$r'$ を正確に書くと $\forall x\, (\neg q(x) \to \neg p(x))$ である．ところが例題 1.4.3 により $p(x) \to q(x)$ と $\neg q(x) \to \neg p(x)$ は同値である．よって包含関係に対応する「ならば」についても，対偶 r' はもとの命題 r と同値である．

対偶ともとの命題が同値であることから，$A \subset B$ と $B^c \subset A^c$ は同値である．

COLUMN　数学の「ならば」と日本語の「ならば」

数学の「ならば」は専門用語である．命題どうしをつなぐときは真理値の不等号のような役割を果たし，条件どうしをつなぐときは真理集合どうしの包含関係を表す．日本語における条件表現は，以下のように数学の「ならば」と異なる意味で用いられることもある．

(1) **単なる順接に近い表現**

例文　昨晩，会社から帰っ<u>たら</u>，夜なのに蝉が鳴いていた．

上記例文では，過去に起きたこと（昨晩，会社から帰った）を受けて，そのとき同時に，または直後に何が起きていた，という意味で「たら」を用いている．

(2) 因果関係を表す表現

例文　あの子は叱られない と 勉強しない.

　有名な例文である. 無造作に対偶を作ると「あの子は勉強すると叱られる」となる. これがもとの例文と同値であるとは到底思えない. 数学の「p ならば q」においては p と q の時間的順序を考えていないが, 上記例文の「叱られない」と「勉強しない」には時間的順序がある. より正確に対偶を作ると, たとえば「あの子が勉強しているのは叱られたあとだけだ」となる.

(3) 反実仮想

例文　羽毛をもつ恐竜がいまの世に生きてい たら, 恐竜羽毛布団で寝てみたい.

　上記例文では, 事実に反すること（羽毛をもつ恐竜がいまの世に生きている）を受けて, もしそうならどうなるか空想をふくらます意味で「たら」を用いている.

　順接に近い条件表現や因果関係, 反実仮想を数学の「ならば」と混同すると, 仮定 p が偽のとき「p ならば q」は真, という約束に納得がいかず混乱するであろう.

1.5　関係と写像

　本節を通じて X, Y, Z は集合とし, 変数 x, y, z の変域はそれぞれ X, Y, Z であるとする. 実数全体の集合を $\mathbb{R}$, 負でない実数全体の集合を $\mathbb{R}_{\geq 0}$ で表す.

1.5.1　関　係

　X の任意の要素 x と Y の任意の要素 y に対して $R(x, y)$ が成り立つか成り立たないか決まっているとき, R を X から Y への**関係**という. とくに $X = Y$ の場合は R を X 上の **2 項関係**という. $R(x, y)$ のことを xRy と書くこともある. 上記の意味での関係は, 条件（あるいは述語）とほぼ同義である. のちほど 2.1 節では関係を集合の一種として再定義するが, それまで当面は上記の素朴な定義を用いる.

□ **例 1.5.1**　(1) $X = Y = \mathbb{R}$ であるとき, $R_1(x, y) : x \leq y$ は $\mathbb{R}$ 上の 2 項関係である.

(2) $X = \mathbb{R}$, Y は正の実数全体の集合であるとき，$R_2(x,y): x^2+1 = y$ は X から Y への関係である．

(3) X は 2 以上の整数全体の集合，Y は負でない整数全体の集合であるとき，$R_3(x,y)$：「x は y の約数である」は X から Y への関係である．

1.5.2 関数と写像

R は X から Y への関係であるとする．X の要素 x のおのおのに対して，$R(x,y)$ が成り立つような y がただ一つあるとき，R を X から Y への**写像**という．X から Y への**関数**であるともいう．集合論では写像と関数を同じ意味に用いる．本書も原則としてそうする．ただし数学の分野によっては，Y が数の集合（または，数とよく似たものの集合）であるような写像のみを関数とよぶ．R が X から Y への写像であるとき，$R(x,y)$ や xRy と書く代わりに $y = R(x)$ と書くことが多い．

f が X から Y への写像であるとき，X を f の**定義域（ドメイン）**といい，$\mathrm{dom}\, f$ と書く．X の部分集合 A が与えられたとき，集合 $\{f(x) \mid x \in A\}$ を f による A の**像**といい，$f[A]$ と書く．$f''A$ と書く文献もある．これは Y の部分集合である．とくに f による定義域の像[*1]を f の**値域（レンジ）**といい，$\mathrm{ran}\, f$ と書く．

二つの写像 $f: X \to Y$, $g: Z \to W$ が等しいとは「定義域どうしが等しく（$X = Z$），かつ X の任意の要素 x に対して $f(x) = g(x)$ となること」と約束する．

また，Y の部分集合 B が与えられたとき，集合 $\{x \in X \mid f(x) \in B\}$ を f による B の**逆像**といい，$f^{-1}[B]$ と書く．これは X の部分集合である．逆写像（逆関数）f^{-1} がない場合でも逆像は定義できることに注意しよう．像を $f(A)$ と書き，逆像を $f^{-1}(B)$ と書く文献も多い．

☐ **例 1.5.2** ある中学校の 1 年生は A 組，B 組，… からなる．1 年生全員が，この学校の 1 年生誰か 1 人に宛てて英文手紙を書いて渡すことになった．手紙の相手を誰にするかは各人の自由で，別の学級の生徒でもよい．1 年生全員の集合を X とし，生徒 x が手紙を渡す相手を $f(x)$ とすると，f は X から X への写像になる．A 組，B 組それぞれの生徒全員の集合を A, B と表そう．A の像 $f[A]$ とは，1 人以上の A 組生徒から手紙をもらった生徒全員の集合である．また，B の逆像 $f^{-1}[B]$ とは，B 組の誰かに手紙を渡した生徒全員の集合である．この場合，像は宛先の集合であり，逆像は差出人の集合である（図 1.5.1, 1.5.2）．

[*1] 定義域の像を，単に像ということもある．

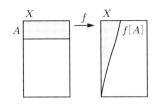
図 1.5.1 像 $f[A]$ は宛先の集合

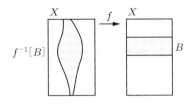
図 1.5.2 逆像 $f^{-1}[B]$ は差出人の集合

☐ **例題 1.5.1** 例 1.5.1 における三つの関係のおのおのについて，X から Y への写像であるか判定し，写像については像がどのような集合になるか述べよ．

解 (1) $0 \leq 0$ かつ $0 \leq 1$ だから，$x = 0$ に対して R_1 を成り立たせるような y は複数ある．**答** R_1 は X から Y への写像ではない．

(2) 実数 x が与えられたとき，$y = x^2 + 1$ をみたす正の実数 y はただ一つに決まる．x があらゆる実数を動くとき，$x^2 + 1$ が動く範囲は 1 以上の実数全体である．**答** R_2 は X から Y への写像である．像は 1 以上の実数全体の集合である．

(3) 2 は 2 の約数であり，2 は 4 の約数でもあるから，$x = 2$ に対して R_3 を成り立たせるような y は複数ある．**答** R_3 は X から Y への写像ではない．

1.5.3 写像の制限と合成

与えられた写像からほかの写像を作り出す方法として，制限と合成について述べる．f が X から Y への写像であることを $f : X \to Y$ と書く．「ならば」や「限りなく近づく」と同じ矢印を使うが，意味は異なる．ただし，それらと混同することはないだろう．一方，写像 f が x（X の要素）を y に対応させることを $f : x \mapsto y$ と書く．

さて，$f : X \to Y$ と X の部分集合 A が与えられたとき，定義域が A であって各 x に $f(x)$ を対応させる写像のことを f の A への**制限**といい，$f {\restriction} A$ で表す．

☐ **例 1.5.3** 二次関数 $y = x^2$ について考える．「f_1 は $\mathbb{R}$ から $\mathbb{R}$ への関数で，おのおのの実数 x に対し $f_1(x) = x^2$ である」という命題を $f_1 : \mathbb{R} \to \mathbb{R}; x \mapsto x^2$ と書いたり，以下のように書いたりする．

$$\begin{array}{ccc} f_1 : & \mathbb{R} & \longrightarrow & \mathbb{R} \\ & \cup & & \cup \\ & x & \longmapsto & x^2 \end{array}$$

単に $f_1 : x \mapsto x^2$ と書くだけでなく，わざわざ $\mathbb{R} \to \mathbb{R}$ の部分を書く動機の一つは，定義域が異なる写像を区別することにある．たとえば，$f_2 = f_1 {\restriction} \mathbb{R}_{\geq 0}$ としよう．このと

き，$f_2 : \mathbb{R}_{\geq 0} \to \mathbb{R}; x \mapsto x^2$ が成り立ち，f_2 は f_1 と異なる写像である．

$f : X \to Y$，$g : Y \to Z$ であるとする．X の要素 x のおのおのに対して，まず $y = f(x)$ を作り，次に $z = g(y)$ を作ることにより x を $z = g(f(x))$ に対応させよう．この写像を f と g の**合成写像（合成関数）**といい，$g \circ f$ と書く．先に適用する写像 f を独立変数 x により近いところへ書く．このとき $(g \circ f)(x) = g(f(x))$ となって覚えやすい．

ごくまれに，写像 σ に対して $\sigma(x)$ と書く代わりに x^σ と書きたいこともある．指数と同じ記法であるが指数とは別の概念である．この場合も先に適用する写像 σ を独立変数 x により近いところへ書くのだが，この場合は例外的に先に適用する写像を左において合成写像を $\sigma\tau$ と書く．このとき，$x^{\sigma\tau} = (x^\sigma)^\tau$ となる．

三つの写像の合成を考えることもある．さらに $h : Z \to W$ が与えられたとき，写像 $h \circ (g \circ f)$ と $(h \circ g) \circ f$ は等しい．これを**合成写像の結合法則**という．

合成写像の結合法則の証明は以下のとおりである．$h \circ (g \circ f)$ の定義域は $g \circ f$ の定義域，すなわち f の定義域 X である．$(h \circ g) \circ f$ の定義域も f の定義域 X である．よって，両者の定義域は等しい．また，X の要素 x に対して，$(h \circ (g \circ f))(x) = h((g \circ f)(x)) = h((g(f(x))))$，$((h \circ g) \circ f)(x) = (h \circ g)(f(x)) = h(g(f(x)))$ だから $(h \circ (g \circ f))(x) = ((h \circ g) \circ f)(x)$．ゆえに，写像 $h \circ (g \circ f)$ と $(h \circ g) \circ f$ は等しい．

1.5.4　変域つきの任意記号と存在記号

「X の任意の要素 x について」や「X のある要素 x が存在して」を表すため，次の略記法を導入する．条件 $p(x)$ に対し，$\forall x\ (x \in X \to p(x))$ を $\forall x \in X\ p(x)$ と略記する．また，$\exists x\ (x \in X \land p(x))$ を $\exists x \in X\ p(x)$ と略記する．

☐ **例題 1.5.2**　(1) $\neg(\forall x \in X\ p(x))$ が $\exists x \in X\ \neg p(x)$ と同値であることを示せ．

(2) $\neg(\exists x \in X\ p(x))$ が $\forall x \in X\ \neg p(x)$ と同値であることを示せ．

解　(1) $\neg(\forall x \in X\ p(x))$ とは $\neg(\forall x\ (x \in X \to p(x)))$ のことである．ド モルガンの法則（任意命題の否定）により，これは $\exists x\ \neg(x \in X \to p(x))$ と同値である．「ならば」の否定命題について同値変形すると，$\neg(x \in X \to p(x))$ は $x \in X \land \neg p(x)$ と同値である．$\exists x\ (x \in X \land \neg p(x))$ は $\exists x \in X\ \neg p(x)$ にほかならない．

(2) (1) の $p(x)$ を $\neg p(x)$ で置き換えて二重否定を除去すると，$\neg(\forall x \in X\ \neg p(x))$ は $\exists x \in X\ p(x)$ と同値である．これら二つの否定を作り二重否定を消去する．

☐ **例題 1.5.3**　R は X から Y への関係であるとする．このとき，R が X から Y へ

の写像であるための必要十分条件を，任意記号と存在記号を用いて書け．

解　「ただ一つ存在する」を「存在し，かつ，見かけ上二つあっても同じもの」と言い換える．

答　$\forall x \in X \ \Big(\exists y \in Y \ R(x,y) \ \wedge$
$\forall y_1 \in Y \ \forall y_2 \in Y \ \big(R(x,y_1) \wedge R(x,y_2) \ \to \ y_1 = y_2 \big) \Big)$

1.5.5 単射と全射

f は X から Y への写像であるとする．

$$\forall x_1 \in X \ \forall x_2 \in X \ (x_1 \neq x_2 \to f(x_1) \neq f(x_2))$$

となるとき f は X から Y への**単射**であるという（図 1.5.3）．対偶をとって次のように言い換えることもできる．

$$\forall x_1 \in X \ \forall x_2 \in X \ (f(x_1) = f(x_2) \to x_1 = x_2)$$

また，

$$\forall y \in Y \ \exists x \in X \ (f(x) = y) \tag{1.5.1}$$

となるとき f は X から Y への**全射**であるという（図 1.5.5）．

単射，全射の定義そのものよりそれらの否定形のほうがわかりやすいだろう．f が X から Y への単射でないということは，以下と同値である．

$$\exists x_1 \in X \ \exists x_2 \in X \ (x_1 \neq x_2 \wedge f(x_1) = f(x_2))$$

たとえていうと，二人の x が同じ y を好きになっている．単射でないのは x どうしが競合する状況である（図 1.5.4）．

また，f が X から Y への全射でないということは以下と同値である．

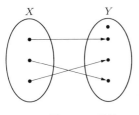
図 1.5.3　単射

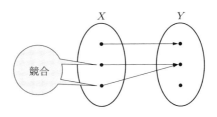
図 1.5.4　単射**でない**

1.5 関係と写像　63

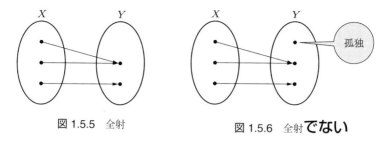

図 1.5.5　全射　　　　　図 1.5.6　全射**でない**

$$\exists y \in Y \; \forall x \in X \; (f(x) \neq y)$$

たとえていうと，ある y にはどの x からもお声がかからない．全射でないのは y にとってさびしい状況である（図 1.5.6）．

◆問 1.5.1　$f : X \to Y$ において，「$Y = \operatorname{ran} f$」は f が X から Y への全射であるための必要十分条件であることを示せ．

☐ 例 1.5.4　写像が X から Y への単射であるかどうかは X, Y に依存する．例 1.5.3 の $f_1 : \mathbb{R} \to \mathbb{R}; x \mapsto x^2$ は $\mathbb{R}$ から $\mathbb{R}$ への単射でない．なぜなら，$-1 \neq 1$ かつ $(-1)^2 = 1^2$ だからである（-1 と 1 が競合する）．一方，$f_2 : \mathbb{R}_{\geq 0} \to \mathbb{R}; x \mapsto x^2$ は $\mathbb{R}_{\geq 0}$ から $\mathbb{R}$ への単射である．なぜなら，$x_1, x_2 \geq 0$ のとき，$x_1^2 = x_2^2$ ならば $x_1 = x_2$ となるからである（対偶を用いた単射の条件が成立）．

写像が X から Y への全射であるかどうかも X, Y に依存する．$x^2 = -1$ となる x が存在しないから（$y = -1$ は誰にも声をかけられず，さびしい），f_1 は $\mathbb{R}$ から $\mathbb{R}$ への全射でない．ここで，$f_3 : \mathbb{R} \to \mathbb{R}_{\geq 0}; x \mapsto x^2$ を考えよう．負でない任意の実数 y に対して $x = \sqrt{y}$ とおくと $x^2 = y$ となるから（さびしい y はいない），f_3 は $\mathbb{R}$ から $\mathbb{R}_{\geq 0}$ への全射である．

$f : X \to Y$ が X から Y への全射であり，かつ，X から Y への単射でもあるとき，f を X から Y への**全単射**であるという（図 1.5.7）．このとき，Y の要素 y のおのおのに対して，$y = f(x)$ となるような X の要素 x がある．f が全射だからである．また，f が単射だから，このような x は高々一つである[*1]．よって，Y から X への関係 $R(y, x) : y = f(x)$ は Y から X への写像である．これを f の**逆写像（逆関数）**といって，f^{-1} と書く．

☐ 例 1.5.5　n は正の整数とし，n 個の文字 $1, \ldots, n$ の順列 $a_1, \ldots, a_n$ が与えられた

[*1]「二つ以上はない」ということを「高々一つ」という．

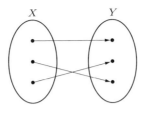

図 1.5.7 全単射

とする.このとき $f:\{1,\ldots,n\} \to \{1,\ldots,n\}$ を $f(1)=a_1,\ldots,f(n)=a_n$ によって定めると,f は $\{1,\ldots,n\}$ からそれ自身への全単射になる.

☐ **例 1.5.6** (1) $h:X \to X$ が「$\forall x \in X\ h(x)=x$」をみたすとき,h を X 上の**恒等写像**といい,id_X と表す.つまり,$\mathrm{id}_X:X \to X; x \mapsto x$ である.id_X は X から X への全単射である.

(2) $f:X \to Y$ が与えられたとき,$f \circ \mathrm{id}_X = \mathrm{id}_Y \circ f = f$ が成り立つ.

1.6 入れ子式の任意と存在

与えられた写像が単射や全射であることを証明したり,あるいは与えられた写像が単射や全射であることを用いて何かを証明するには,(1)「$\forall x \in A\ \exists y \in B\ \varphi(x,y)$」や (2)「$\exists x \in A\ \forall y \in B\ \varphi(x,y)$」のように,任意と存在が入れ子式になった命題を扱う必要がある.

(1) の読みは,たとえば「For all x in A there exists y in B such that $\varphi(x,y)$」で,意味は「A の任意の要素 x に対して B のある要素 y があって $\varphi(x,y)$ が成り立つ」である.(2) の読みは,たとえば「There exists x in A such that for all y in B $\varphi(x,y)$」で,意味は「A のある要素 x が存在して B の任意の要素 y に対して $\varphi(x,y)$ が成り立つ」である.

省略された括弧を補って表示すると (1) は $\forall x \in A(\exists y \in B\ \varphi(x,y))$ である.つまり (1) の一番外側は任意,内側は存在である.(2) は $\exists x \in A(\forall y \in B\ \varphi(x,y))$ である.つまり,(2) の一番外側は存在,内側は任意である.

☐ **例 1.6.1** f は X から Y への写像であるとする.f が X から Y への全射であるための条件 (1.5.1),すなわち $\forall y \in Y\ \exists x \in X\ (f(x)=y)$ は上記 (1) の形をしている(ただし文字 x, y の登場順序は逆になっているが,そこは気にしないでよい.一番外側が任意,内側が存在という意味において上記 (1) の形とみる).

ド モルガンの法則(任意命題の否定および存在命題の否定,1.3.4 項)により,f が

X から Y への全射でないための条件は，$\exists y \in Y \ \forall x \in X \ (f(x) \neq y)$ と同値であり，これは上記 (2) の形をしている．

☐ **例題 1.6.1** $f : X \to Y$ は X から Y への全単射であるとする．
(1) f^{-1} は Y から X への全単射であることを示せ．
(2) $(f^{-1})^{-1}$ は f に等しいことを示せ．
(3) $f^{-1} \circ f = \mathrm{id}_X$ であること，および $f \circ f^{-1} = \mathrm{id}_Y$ であることを示せ．

考え方 二つの写像が等しいとは，それらの定義域が一致し，かつ，定義域の任意の要素に対して写像の値が一致することをいうのであった．

解 (1) f が X から Y への全射なので，f^{-1} の定義域は Y に等しい．X の任意の要素 x に対し，$y = f(x)$ となる y があり，この y について $f^{-1}(y) = x$ が成り立つ．よって，f^{-1} は Y から X への全射である．また，Y の任意の要素 y_1, y_2 に対して，もし $f^{-1}(y_1) = f^{-1}(y_2)$ ならば，この共通の値を x とおくと $f^{-1}(y_1) = x$ より $y_1 = f(x)$，同様にして $y_2 = f(x)$，したがって $y_1 = y_2$ である．よって，f^{-1} は Y から X への単射である．以上により，f^{-1} は Y から X への全単射である．

(2) f^{-1} が Y から X への全射なので $(f^{-1})^{-1}$ の定義域は X であり，f の定義域と等しい．X の任意の要素 x と Y の任意の要素 y に対し，「$y = (f^{-1})^{-1}(x)$」は「$x = f^{-1}(y)$」と同値であり，これは「$y = f(x)$」と同値である．よって，X の任意の要素 x に対し $(f^{-1})^{-1}(x) = f(x)$ である．以上により，$(f^{-1})^{-1} = f$ が成り立つ．

(3) $f^{-1} \circ f$ の定義域は X で，これは id_X の定義域と等しい．また，X の任意の要素 x_1 と x_2 に対し，「$(f^{-1} \circ f)(x_1) = x_2$」は「$f^{-1}(f(x_1)) = x_2$」と同値であり，これは「$f(x_1) = f(x_2)$」と同値である．$f$ が単射であることから，「$f(x_1) = f(x_2)$」は「$x_1 = x_2$」と同値である．以上により，X の任意の要素 x_1 に対して $(f^{-1} \circ f)(x_1) = x_1 = \mathrm{id}_X(x_1)$ となる．よって，$f^{-1} \circ f = \mathrm{id}_X$ が成り立つ．同様にして $(f^{-1})^{-1} \circ f^{-1} = \mathrm{id}_Y$ となるが，ここで (2) の結果 $(f^{-1})^{-1} = f$ を適用すると，$f \circ f^{-1} = \mathrm{id}_Y$ を得る．

1.7 記号についての補足

1.7.1 記号の読み方

こう読めば数学者には通じるという例を次の表にあげておく．これらは英語での無難な読み方をカタカナで近似したものである．

$A \cap B$ の口語表現として「A インターセクト B」ともいう．和集合の代わりに**合併**という用語を用いる文献や，全体集合の代わりに**普遍集合**という用語を用いる文献

式	読み方の例	意味
$a \in B$	a イン B	a は B に属する
$a \notin B$	a ノット イン B	a は B に属さない
$\emptyset$	エンプティ セット	空集合
$A \subset B$	A サブセット B	A は B に含まれる
$A \not\subset B$	A ノット サブセット B	A は B に含まれない
$A \cup B$	A ユニオン B	A と B の和集合
$A \cap B$	A インターセクション B	A と B の共通部分
A^c	A コンプリメント	A の補集合

もある．

$\{x \in A | x \notin B\}$ を A と B の**差集合**といい，$A - B$ または $A \setminus B$ と書く．

1.7.2 「属する」「任意」「存在」に関する表現

20世紀に出版された文献の中には「属する」と「含まれる」の使い分けを徹底していないものがある．つまり，「含まれる」を「$\in$」と「$\subset$」どちらの意味にも用いるものがある．しかし，現在の高等学校の教科書では「属する」と「含まれる」を上記のように使い分けるのが主流である．例外はある．たとえば，「開区間は端点を含まない」や「閉区間は端点を含む」という表現は慣習として許されている．本書も，原則として「属する」と「含まれる」を使い分ける．

「a は B に属する」において B を主語にしたい，しかし「B は a を含む」といいたくないとき，たとえば「B は a を要素にもつ」といえばよい．

x_1 と x_2 が変数であるとき「$\forall x_1 \forall x_2$」という部分を「$\forall x_1, x_2$」と書くことがある．また，X が集合であるとき「$\forall x_1 \in X \forall x_2 \in X$」という部分を「$\forall x_1, x_2 \in X$」と書くことがある．たとえば，命題「$\forall m, n \in \mathbb{N} \; m^n \geq 0$」は「$\forall m \in \mathbb{N} \forall n \in \mathbb{N} \; m^n \geq 0$」の意味である．同様に「$\exists x_1 \exists x_2$」という部分を「$\exists x_1, x_2$」と書いたり，「$\exists x_1 \in X \exists x_2 \in X$」という部分を「$\exists x_1, x_2 \in X$」と書くことがある．

第1章の公式集

以下では命題 p と q が同値であることを $p \equiv q$ と書いている．ページの右半分を紙で隠しても再現できるようになろう．E は全体集合を表す．A, B, C, X, Y は集合，p, q, r は命題もしくは条件を表す．f は X から Y への写像を表す．

$$x \notin A \equiv \neg(x \in A) \tag{1}$$

$$\emptyset \subset B \text{ は 真} \tag{2}$$

$$(p \vee q) \wedge r \equiv (p \wedge r) \vee (q \wedge r) \tag{3}$$

$$(p \wedge q) \vee r \equiv (p \vee r) \wedge (q \vee r) \tag{4}$$

$$\neg(p \vee q) \equiv \neg p \wedge \neg q \tag{5}$$

$$\neg(p \wedge q) \equiv \neg p \vee \neg q \tag{6}$$

$$y \in \{x \mid p(x)\} \equiv p(y) \tag{7}$$

$$x \in \{a_1, \ldots, a_n\} \equiv x = a_1 \vee \cdots \vee x = a_n \tag{8}$$

$$y \in \{x \in E \mid p(x)\} \equiv y \in E \wedge p(y) \tag{9}$$

$$y \in \{f(x) \mid x \in A\} \equiv \exists x \in A \; y = f(x) \tag{10}$$

$$A \subset B \equiv \forall x (x \in A \to x \in B) \tag{11}$$

$$A \subset B \equiv A \cup B = B \tag{12}$$

$$A \subset B \equiv A = A \cap B \tag{13}$$

$$\neg(A \subset B) \equiv \exists x (x \in A \wedge x \notin B) \tag{14}$$

$$A = B \equiv A \subset B \wedge B \subset A \tag{15}$$

$$x \in A \cup B \equiv x \in A \vee x \in B \tag{16}$$

$$x \in A \cap B \equiv x \in A \wedge x \in B \tag{17}$$

$$x \in A^c \equiv x \in E \wedge x \notin A \tag{18}$$

$$(A \cup B) \cap C = (A \cap C) \cup (B \cap C) \tag{19}$$

$$(A \cap B) \cup C = (A \cup C) \cap (B \cup C) \tag{20}$$

$$(A \cup B)^c = A^c \cap B^c \tag{21}$$

$$(A \cap B)^c = A^c \cup B^c \tag{22}$$

$$\neg \forall x\ p(x) \equiv \exists x\ \neg p(x) \tag{23}$$

$$\neg \exists x\ p(x) \equiv \forall x\ \neg p(x) \tag{24}$$

要注意
$$p \to q \equiv \neg p \vee q \tag{25}$$

$$p \to q \equiv \neg q \to \neg p \tag{26}$$

$$\neg(p \to q) \equiv p \wedge \neg q \tag{27}$$

要注意
$$p(x) \Rightarrow q(x) \equiv \forall x \in E\ (p(x) \to q(x)) \tag{28}$$

$$p(x) \Rightarrow q(x) \equiv \{x \in E \mid p(x)\} \subset \{x \in E \mid q(x)\} \tag{29}$$

$$p(x) \Rightarrow q(x) \equiv \neg q(x) \Rightarrow \neg p(x) \tag{30}$$

関係 R は X から Y への写像 $\equiv \forall x \in X\ \exists y \in Y\ R(x,y) \wedge$
$$[R(x,y_1) \wedge R(x,y_2) \Rightarrow y_1 = y_2] \tag{31}$$

定義域（ドメイン）$\mathrm{dom}\, f = $ 「$f : X \to Y$」の X $\tag{32}$

像 $f[A] = \{f(x) \mid x \in A\} \tag{33}$

値域（レンジ）$\mathrm{ran}\, f = f[\mathrm{dom}\, f] \tag{34}$

逆像 $f^{-1}[B] = \{x \in \mathrm{dom}\, f \mid f(x) \in B\} \tag{35}$

合成写像 $(g \circ f)(x) = g(f(x)) \tag{36}$

$$\forall x \in A\ p(x) \equiv \forall x(x \in A \to p(x)) \tag{37}$$

$$\exists x \in A\ p(x) \equiv \exists x(x \in A \wedge p(x)) \tag{38}$$

$$f \text{ は } X \text{ から } Y \text{ への単射} \equiv f(x_1) = f(x_2) \Rightarrow x_1 = x_2 \tag{39}$$

$$f \text{ は } X \text{ から } Y \text{ への単射でない} \equiv \exists x_1, x_2 \in X \ (x_1 \neq x_2 \wedge f(x_1) = f(x_2)) \tag{40}$$

$$f \text{ は } X \text{ から } Y \text{ への全射} \equiv \forall y \in Y \ \exists x \in X \ f(x) = y \tag{41}$$

$$f \text{ は } X \text{ から } Y \text{ への全射でない} \equiv \exists y \in Y \ \forall x \in X \ f(x) \neq y \tag{42}$$

$$f \text{ は } X \text{ から } Y \text{ への全単射} \equiv f \text{ は } X \text{ から } Y \text{ への単射かつ全射} \tag{43}$$

$$\text{逆写像 } f^{-1}(y) = x \equiv y = f(x) \tag{44}$$

◆ 第1章の章末問題

──── A ────

問題 1.1 数列 $\{a_n\}$ と実数 a について以下の命題 p を考える.

p:「任意の正の数 ε に対してある自然数 N が存在して,N 以上の任意の自然数 n に対して $|a_n - a| < \varepsilon$ が成り立つ」

(1) 任意記号と存在記号を使って命題 p を書け.ただし,Q が $\forall$ もしくは $\exists$ であるとき,「$Q\varepsilon \in \{x \in \mathbb{R} \mid x > 0\}$」という部分は「$Q\varepsilon > 0$」と略記せよ.また,「$Qn \in \{k \in \mathbb{N} \mid k \geq N\}$」という部分は「$Qn \geq N$」と略記せよ.

(2) 任意記号と存在記号を使って p の否定命題 $\neg p$(と同値な命題)を書け.ただし,存在記号で始まる形に書き,(1) と同様の略記ルールを用いること.

問題 1.2 $f : X \to Y; x \mapsto y$ の形に書かれた以下の各関数について,X から Y への単射であるか,また X から Y への全射であるか,根拠(各小問の単射,全射のそれぞれについて30〜60文字程度)とともに答えよ.

(1) $f_1 : [0, \pi] \to [-1, 1]; \theta \mapsto \cos \theta$
(2) $f_2 : [0, \pi/2] \to [-1, 1]; \theta \mapsto \cos \theta$
(3) $f_3 : [-\pi/2, \pi/2] \to [0, 1]; \theta \mapsto \cos \theta$

──── B ────

集合 A, B, C, D に対し,$A \cup B \cup C = (A \cup B) \cup C$ と定義し,同様に $A \cup B \cup C \cup D = (A \cup B \cup C) \cup D$ と定義する.三つ以上の集合の共通部分も同様に定義する.

問題 1.3 集合 X, Y, Z, W に対して以下を示せ．
(1) $(X \cup Y \cup Z) \cap W = (X \cap W) \cup (Y \cap W) \cup (Z \cap W)$
(2) $(X \cap Y \cap Z) \cup W = (X \cup W) \cap (Y \cup W) \cap (Z \cup W)$

問題 1.4 全体集合 E が与えられたとし，集合 X, Y, Z, W に対して以下を示せ．
(1) $(X \cup Y \cup Z \cup W)^c = X^c \cap Y^c \cap Z^c \cap W^c$
(2) $(X \cap Y \cap Z \cap W)^c = X^c \cup Y^c \cup Z^c \cup W^c$

以下 4 問において X, Y は集合で，$f : X \to Y$ とする．

問題 1.5 A, B は X の部分集合であるとする．このとき，f による $A \cup B$ の像および $A \cap B$ の像について以下を示せ．
(1) $f[A \cup B] = f[A] \cup f[B]$　　(2) $f[A \cap B] \subset f[A] \cap f[B]$

問題 1.6 A, B は X の部分集合であるとする．このとき，f による $A \cap B$ の逆像について以下を示せ．
$f^{-1}[A \cap B] = f^{-1}[A] \cap f^{-1}[B]$

問題 1.7 $g : Y \to X$ で，$g \circ f = \mathrm{id}_X$ かつ $f \circ g = \mathrm{id}_Y$ が成り立つとする．このとき f は全単射であり，$f^{-1} = g$ であることを示せ．

問題 1.8 $g : Y \to Z$ とする．
(1) f が X から Y への単射で g が Y から Z への単射ならば，$g \circ f$ は X から Z への単射であることを示せ．
(2) f が X から Y への全射で g が Y から Z への全射ならば，$g \circ f$ は X から Z への全射であることを示せ．
(3) f が X から Y への全単射で g が Y から Z への全単射ならば，$g \circ f$ は X から Z への全単射であり，$f^{-1} \circ g^{-1} = (g \circ f)^{-1}$ となることを示せ．

——— **C** ———

問題 1.9 から 1.11 において，n は自然数を表す[*1]．また，0 以上 n 未満の整数全体の集合を Z_n で表す．たとえば，$Z_0 = \emptyset$, $Z_1 = \{0\}$, $Z_2 = \{0,1\}$, $Z_3 = \{0,1,2\}$ である．

問題 1.9 Z_n からその真部分集合への単射は存在しないことを証明せよ．

問題 1.10 Z_n の真部分集合から Z_n への全射は存在しないことを証明せよ．

問題 1.11 $f : Z_n \to Z_n$ とする．「f が Z_n から Z_n への単射である」と「f が Z_n から Z_n への全射である」は同値であることを証明せよ．

問題 1.12 命題論理の「ならば」を $\to$ で表す．p, q は命題を表す．
(1) 1.1.5 項における第 1 グループの規則を用いて，$p \to q$ から $\neg q \to \neg p$ を導け．
(2) 1.1.5 項における命題論理の規則を用いて，$\neg q \to \neg p$ から $p \to q$ を導け．第 1〜3 グループの規則の中から，どれを何回使ってもよい．

[*1] 第 1 章以降では，非負整数のことを自然数とよぶ．

第2章 同値関係と順序関係

要素と集合からなる2階建ての世界について，仕上げの章に入る．数の等号は，次の三つの性質をもっている．

- $x = x$, ● $x = y \Rightarrow y = x$, ● $x = y \land y = z \Rightarrow x = z$.

これらの性質を抽象化して，同値関係という概念を導入する．また，数の不等号は，次の三つの性質をもっている．

- $x \leq x$, ● $x \leq y \land y \leq x \Rightarrow x = y$, ● $x \leq y \land y \leq z \Rightarrow x \leq z$.

これらの性質を抽象化して，順序関係という概念を導入する．くだけた言い方をすると，同値関係とは「等号みたいな関係」であり，順序関係とは「不等号みたいな関係」である．とくに同値関係は，位相空間論や代数学など，数学のさまざまな分野で活用される大事な概念である．

最後に発展的学習として，「0個のものの中から0個とって並べる並べ方は一通り」という話の理論的背景，すなわち空写像について述べる．やや難しいが面白い話でもあるので，興味があれば発展的学習にも取り組んでもらいたい．

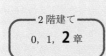

主な話題
- 集合による関係の表現
- 等号を一般化した関係：同値関係
- 不等号を一般化した関係：順序関係

2.1 直積と関係

1.5節では「関係」という概念を，条件（あるいは述語）とほぼ同義のものとして導入した．本節で扱うのはいわば「関係」バージョン2である．順序対の集合として「関係」の定義を再構築する．なお，5.1節でもう1回「関係」の定義をアップデートするが，それまでは本節の定義を用いる．

2.1.1 順序対と直積

要素を二つもつ集合の外延的記法において，二つの要素を書く順番は問題にならず，また，同じ要素を 2 回以上書いても 1 回書いたのと同じに扱うのであった．たとえば $\{5,2\} = \{2,5,2,5\}$ である．一方，高校で学んだベクトルの成分表示は成分の順番まで考慮した概念であった．そこで，平面ベクトルの概念から「成分は数である」という約束を取り払い，ベクトルの加法やスカラー倍は忘れて**順序対**という概念を導入する．

順序対はその名のとおり，二つの数学的対象を順序も考慮に入れて対にしたものである．第 1 の成分が a，第 2 の成分が b であるような順序対を (a,b) で表す．順序対と等しいものは順序対に限るものと約束し，二つの順序対 (a,b) と (c,d) が等しいとは，$a = c \land b = d$ であることと定める．

一般に n 個の数学的対象を順序込みで組にしたものを考えるため，n **組**（n-tuple）という概念を導入する．2 組は順序対のことと定め，$n+1$ 組は，n 組を用いて再帰的に定義する．**再帰的定義**とは，漸化式のような考え方に基づく定義のことである．$n+1$ 組 $(a_1, \ldots, a_n, a_{n+1})$ とは，$((a_1, \ldots, a_n), a_{n+1})$ のことと定める．

☐ **例題 2.1.1** n は 2 以上の自然数とする．二つの n 組 $(a_1, \ldots, a_n)$ と $(b_1, \ldots, b_n)$ が等しいことと，$a_1 = b_1 \land \cdots \land a_n = b_n$ は同値であることを示せ．

解 2 以上の自然数 n についての帰納法で示す．$n = 2$ のときは順序対の等号の定義により題意が成り立つ．$n = k$ に対して題意が成り立つとして，$n = k+1$ の場合を考える．「$(a_1, \ldots, a_k, a_{k+1}) = (b_1, \ldots, b_k, b_{k+1})$」という命題は「$((a_1, \ldots, a_k), a_{k+1}) = ((b_1, \ldots, b_k), b_{k+1})$」のことであり，この命題は，順序対の等号の定義により，以下と同値である：「$(a_1, \ldots, a_k) = (b_1, \ldots, b_k)$ かつ $a_{k+1} = b_{k+1}$」帰納法の仮定により，これは「$a_1 = b_1 \land \cdots \land a_k = b_k \land a_{k+1} = b_{k+1}$」と同値である．

組（tuple）は数学の中だけでなく，経済活動の中の情報処理においても頻繁に用いられる．たとえば書籍販売業者のデータベースの中では ISBN，著者，題名，出版社，出版年などからなる組で書籍のデータを表す．

二つの集合 X, Y に対し，X の要素と Y の要素の順序対として表されるものすべてからなる集合を考え，これを X と Y の**直積**といい，$X \times Y$ で表す．くわしくは，次のように定義する．

$$X \times Y = \{z \mid \exists x \in X \; \exists y \in Y \; z = (x,y)\} \tag{2.1.1}$$

とくに X が空集合でなく Y も空集合でない場合は，式 (2.1.1) の右辺を

$$\{(x, y) \mid x \in X \land y \in Y\} \qquad (2.1.2)$$

と書くことが多い．なお，X, Y のいずれかが空集合である場合，式 (2.1.2) は意味がわかりにくい式になってしまう．しかし，本来の定義式である式 (2.1.1) の右辺は

$$\{z \mid \exists x\, [x \in X \land \exists y\, (y \in Y \land z = (x, y))]\}$$

なので，X, Y のいずれかが空集合である場合は $\{z \mid (\text{偽な条件})\}$ の形となり，$X \times Y$ も空集合になる．したがって，$\emptyset \times Y = X \times \emptyset = \emptyset$ である．

また，$X \times X$ のことを X^2 と書く．さらに，$X^{n+1} = X^n \times X$ という再帰的定義によって X^n を定義する．たとえば，$\mathbb{R}^2$ は座標平面である．

◆問 2.1.1　$X = (\mathbb{R} \times \mathbb{R}) \times \mathbb{R}$，$Y = \mathbb{R} \times (\mathbb{R} \times \mathbb{R})$ とおく．
(1) 集合としては X と Y が等しくないことを示せ．
(2) X から Y への全単射があることを示せ．

2.1.2　関係の再定義

高校の図形と式の単元で，式が表す座標平面上の曲線や領域を学んだであろう．たとえば不等式 $y \geq x$ は，直線 $y = x$ を含む，座標平面の左上半分の領域を表す．

順序対と直積を用いると，1.5 節で考えた「関係」の真理集合のようなものを考えることができる．R が X から Y への関係であるとき，集合 $\{(x, y) \in X \times Y \mid xRy\}$ を考えるのである（2.1.1 項で注意したとおり，X, Y のいずれかが空集合である場合は，上記の集合も空集合を意味する）．すると，数直線や座標平面上に図示しにくい関係であっても，集合として考察することができる．

ここで発想を転換して，関係の真理集合のようなものこそが関係の本体であり，また，写像のグラフこそが写像の本体であると考えよう．これらの考え方に基づき，関係と写像の定義を以下のように再構築する．

■**定義 2.1.1**　(1) 集合 X, Y に対し，$X \times Y$ の部分集合を X から Y への**関係**という．「$(x, y) \in R$」であることを「$R(x, y)$」と書いたり，「xRy」と書いたりする．
(2) X から Y への関係 R において，X の要素 x のおのおのに対して，xRy が成り立つような y がただ一つあるとき，R を X から Y への**写像**であるという．f が写像であるとき，「$(x, y) \in f$」であることを「$y = f(x)$」と書くことが多い．

1.5 節で述べたとおり集合論では写像と**関数**を同義に用いるが，数学の分野によっては Y が数（あるいは数に似たもの）の集合であるような写像を関数という．

定義 2.1.1 の下でも，X から Y への関係 R が X から Y への写像であるための必要十分条件は，例題 1.5.3 の解答によって与えられる．

◻ **例 2.1.1** 関数 $f:[0,\pi] \to [-1,1]; x \mapsto \cos x$ は，集合 $\{(x,y) \in [0,\pi] \times [-1,1] \mid y = \cos x\}$ である．これは $[0,\pi] \times [-1,1]$ の部分集合である．

■ **定義 2.1.2** 写像 $f: X \to Y$ の定義域（ドメイン），像，値域（レンジ），逆像は 1.5 節と同様に定義する．それらを本節の定義に合わせて書けば次のようになる．

f の定義域 　　$\mathrm{dom}\, f = X = \{x \mid \exists y \in Y\ (x,y) \in f\}$
f による A の像 　　$f[A] = \{y \in Y \mid \exists x \in A\ (x,y) \in f\}$
f の値域 　　$\mathrm{ran}\, f = f[X] = \{y \in Y \mid \exists x \in X\ (x,y) \in f\}$
f による B の逆像 　　$f^{-1}[B] = \{x \in X \mid \exists y \in B\ (x,y) \in f\}$

二つの関係 R_1, R_2 が等しいとは，それらが集合として等しいことだと約束する．すなわち，$R_1 \subset R_2 \wedge R_2 \subset R_1$ である．写像は関係の一種であるから，この約束を写像にも適用する．

◻ **例題 2.1.2** 1.5 節において，二つの写像 $f: X \to Y$，$g: Z \to W$ が等しいとは以下が成り立つことと約束した．

(i) 定義域どうしが等しく（$X = Z$），かつ X の任意の要素 x に対して $f(x) = g(x)$．

本節の定義に従って写像を集合として定義するとき，(i) と本節の約束 (ii)「集合として $f = g$」が同値になることを示せ．

解 　二つの写像 $f: X \to Y$，$g: Z \to W$ が与えられたとする．
「(i) ならば (ii)」の証明：(i) が成り立つとする．$(x,y) \in f$ となる任意の順序対 (x,y) に対して，$x \in \mathrm{dom}\, f = \mathrm{dom}\, g$，$y = f(x) = g(x)$ なので $(x,y) \in g$．よって $f \subset g$．同様に $g \subset f$ もいえるから，集合として $f = g$，すなわち (ii) が成り立つ．
「(ii) ならば (i)」の証明：(ii) が成り立つとする．このとき，$\mathrm{dom}\, f = \{x \mid \exists y\ (x,y) \in f\} = \{x \mid \exists y\ (x,y) \in g\} = \mathrm{dom}\, g$．つまり，$\mathrm{dom}\, f = \mathrm{dom}\, g$．また，任意の $x \in \mathrm{dom}\, f$ に対し，$(x, f(x)) \in f = g$ より $f(x) = g(x)$ となる．以上により，(i) が成り立つ．

2.2 同値関係と代表元

2.2.1 同値関係の定義

等号は，次の三つの性質をもっている．「$x=x$」，「$x=y \Rightarrow y=x$」，「$x=y \wedge y=z \Rightarrow x=z$」．この三つの性質をもつような関係は，たくさんある．わかりやすい例をあげよう．

□ **例 2.2.1** 学生の集合 S が与えられたとする．学生 x と y が二人だけで外食をしたことが（過去1年以内に）あるとき「x は y に1ステップでつながっている」ということにしよう．1ステップでつながっている学生どうしを有限回たどってつながっている者どうしは「つながっている」ということにする．有限回の中には0回も含めることにし，x は x 自身にもつながっていることにする．このとき，以下の法則が成り立つ．「x は x につながっている」，「x が y につながっているとき，y は x につながっている」，「x が y につながっていて，y が z につながっているとき，x は z につながっている」．

■ **定義 2.2.1** 集合 X 上の2項関係 R が以下三つの法則をみたすとき，R を X 上の**同値関係**という．
 (1) **反射律** 任意の $x \in X$ に対して，xRx．
 (2) **対称律** 任意の $x, y \in X$ に対して，$xRy \to yRx$．
 (3) **推移律** 任意の $x, y, z \in X$ に対して，$xRy \wedge yRz \to xRz$．

つなぎ言葉の結合力優先順位に注意してほしい．たとえば推移律は，念押しの括弧をつけると以下のようになる．$\forall x, y, z \in X \ ((xRy \wedge yRz) \to xRz)$

■ **定義 2.2.2** 集合 X 上の同値関係 R が与えられたとき，X の各要素 a に対し，集合 $\{x \in X \mid xRa\}$ を a の**同値類**という．これを $[a]_R$ と表す．

文献によっては，a の同値類を a/R と書いたり，同値類を**剰余類**とよんだりする．

□ **例 2.2.2** 例 2.2.1 において $S = \{s_1, s_2, \ldots, s_{14}\}$ とおき，「つながっている」という関係を $\sim_1$ で表そう．ただし，$i \neq j \Rightarrow s_i \neq s_j$ とする．1ステップでつながっている学生どうしを線分で結ぶと図 2.2.1 のようになるとする．集合としての $\sim_1$ の要素のうち，s_1 を成分にもつものすべてをあげると

図 2.2.1　無向グラフにおける到達可能性が作る同値関係

$$(s_1,s_1),(s_1,s_2),(s_2,s_1),(s_1,s_5),(s_5,s_1),(s_1,s_6),(s_6,s_1)$$

となる．s_1 の同値類は $[s_1]_{\sim_1} = \{s_1, s_2, s_5, s_6\}$ である．この例では，s_1 とつながっている学生たち全員の集合（グラフ理論のことばでいうと，無向グラフの連結成分）が s_1 の同値類である．また，$[s_1]_{\sim_1} = [s_2]_{\sim_1} = [s_5]_{\sim_1} = [s_6]_{\sim_1}$ である．

□ **例 2.2.3** 二つの三角形が相似であるという関係は，三角形全体の集合上の同値関係である．三角形 ABC の同値類とは，ABC と相似な三角形全体の集合である．

与えられた関係が同値関係であることを証明するには，反射律，対称律，推移律が成り立つことを示せばよい．

□ **例題 2.2.1** 二つの整数 x, y に対して，$x - y$ が 3 で割り切れるとき（すなわち，x を 3 で割った余りと y を 3 で割った余りが等しいとき）$x \equiv y \mod 3$ と書く．この関係は $\mathbb{Z}$ 上の同値関係であることを示せ．

解　反射律の証明：整数 x に対して，$x - x = 0$ は 3 で割り切れるから $x \equiv x \mod 3$．よって反射律が成り立つ．

対称律の証明：整数 x, y に対して $x \equiv y \mod 3$ が成り立つとする．このとき，ある整数 w があって $x - y = 3w$ となる．よって $y - x = 3(-w)$，ゆえに $y \equiv x \mod 3$ が成り立つ．よって対称律が成り立つ．

推移律の証明：整数 x, y, z に対して $x \equiv y \mod 3 \wedge y \equiv z \mod 3$ が成り立つとする．このとき，ある整数 w, v があって $x - y = 3w$, $y - z = 3v$ となる．したがって $x - z = 3(w + v)$．ゆえに $x \equiv z \mod 3$ が成り立つ．よって推移律が成り立つ．

以上により反射律，対称律，推移律が成り立つから，$x \equiv y \mod 3$ は $\mathbb{Z}$ 上の同値関係である．

□ **例 2.2.4** $\mathbb{Z}$ 上の同値関係 $xRy : x \equiv y \mod 3$ において，同値類は以下のようになる（n は自然数）．$[0]_R = \{0, 3, -3, 6, -6, \ldots, 3n, -3n, \ldots\}$, $[1]_R = \{1, 4, -2, 7, -5, \ldots, 3n+1, -3n+1, \ldots\}$, $[2]_R = \{2, 5, -1, 8, -4, \ldots, 3n+2, -3n+2, \ldots\}$．また，$[0]_R = [3]_R = [-3]_R$ などの等式が成り立つ．

2.2.2 代表系と代表元

各同値類から一つずつ代表となる要素を選んで集合を作ろう．

■ **定義 2.2.3** 集合 X 上の同値関係 R が与えられ，C は X の部分集合であるとする．任意の $a \in X$ に対し，$[a]_R \cap C$ がちょうど一つの要素をもつとき，C を R の**代表系**，あるいは R の**完全代表系**という．このとき，$[a]_R \cap C$ の要素を $[a]_R$ の**代表元**という．

一般に，代表系の作り方は一通りではない．

☐ **例 2.2.5** 例 2.2.2 の設定において，$\{s_1, s_3, s_7, s_{12}\}$ は代表系である．また，$\{s_5, s_4, s_9, s_{14}\}$ も代表系である．一方，$\{s_1, s_3, s_7\}$ は代表系ではない．$[s_{12}]_{\sim_1}$ の要素をもたないからである．$\{s_1, s_3, s_7, s_{12}, s_{13}\}$ も代表系ではない．$[s_{12}]_{\sim_1}$ の要素を 2 個もつからである．

☐ **例 2.2.6** 例題 2.2.1 の設定において，$\{0, 1, 2\}$ は代表系である．また，$\{1, 2, 3\}$ も代表系である．

2.3 順序関係

2.3.1 「小なりイコール」型の順序関係

次に，不等号 $\leq$（小なりイコール）の仲間について考察しよう．

■ **定義 2.3.1** 集合 X 上の 2 項関係 R が以下三つの法則をみたすとき，R を X 上の**順序関係**という．X 上の**半順序関係**ともいう．
 (1) **反射律** 任意の $x \in X$ に対して，xRx．
 (2′) **反対称律** 任意の $x, y \in X$ に対して，$xRy \wedge yRx \to x = y$．
 (3) **推移律** 任意の $x, y, z \in X$ に対して，$xRy \wedge yRz \to xRz$．

■ **定義 2.3.2** 集合 X 上の順序関係 R が以下の法則もみたすとき，R を X 上の**全順序関係**という．X 上の**線形順序関係**ともいう．
 (4) **比較可能律** 任意の $x, y \in X$ に対して，$xRy \vee yRx$．

☐ 例 2.3.1　実数の不等号 $\leq$ は $\mathbb{R}$ 上の全順序関係である.

☐ 例 2.3.2　$A = \{1, 2, 3, 6\}$ とする.「x が y の約数である」を「xRy」と表すと R は A 上の順序関係である. しかし全順序関係ではない (2 と 3 が比較不能だから).

☐ 例 2.3.3　例 2.2.2 において, 学生 y が出演するコンサートまたは演劇に x が観客として出かけたことがあるとき「x は y に観客として 1 ステップでつながっている」といい, 観客としての 1 ステップのつながりを有限回 (0 回も含む) たどって到達できる相手には「観客としてつながっている」といおう. x が y に観客として 1 ステップでつながっているとき, x から y へ矢印を描いてできた図を D とする.

たとえば D が図 2.3.1 であるとき,「x は y に観客としてつながっている」は S 上の順序関係である.

図 2.3.1　有向グラフにおける到達可能性が順序関係になる場合

☐ 例 2.3.4　順序関係でない例. 例 2.3.3 において D が図 2.3.2 であるとき,「x は y に観客としてつながっている」は S 上の順序関係ではない.

図 2.3.2　有向グラフにおける到達可能性が順序関係にならない場合

s_1 は s_2 に観客としてつながっており, s_2 は s_1 に観客としてつながっているが $s_1 \neq s_2$ だから, s_1, s_2 は反対称律に対する反例である. s_7, s_8, s_{11} の中から二つを選んでも反対称律に対する反例になる. なお, 反射律と推移律はみたされている.

集合 X 上の 2 項関係で反射律と推移律をみたすものは**擬順序関係**とよばれる.

☐ 例 2.3.5　擬順序から順序を作る例 (図 2.3.3). 例 2.3.4 において, 互いに観客とし

図 2.3.3 擬順序から作った順序

てつながっている学生どうしをひとまとめにして，代表者だけ残してみよう．

たとえば $\{s_1, s_2\}$ の代表者として s_2 を選び，s_1 には隠れてもらう．同様に $\{s_7, s_8, s_{11}\}$ の代表者として s_8 を選び，s_7 と s_{11} には隠れてもらう．S から s_1, s_7, s_{11} を取り除いてできる集合を S' とすると，「x は y に観客としてつながっている」は S' 上の順序関係になる．

◆問 2.3.1　R は集合 X 上の擬順序であるとする．「$xRy \wedge yRx$」を $x \equiv_R y$ と表して，X 上の 2 項関係 $\equiv_R$ を定める．
  (1) このとき $\equiv_R$ は X 上の同値関係であることを示せ．
  (2) X の部分集合 C は $\equiv_R$ の代表系であるとする．C の要素 x, y に対し「xRy」という関係を考え，これを $R{\upharpoonright}C$ で表す．すなわち，$R{\upharpoonright}C = \{(x,y) \in C^2 \mid xRy\}$ とする．このとき，$R{\upharpoonright}C$ は C 上の順序関係であることを示せ．

2.3.2　最大元と極大元

集合 A の最大元とは，素朴にいえば A の要素のうち一番大きいもののことである．最大元の概念を精密に定義し直し，関連した概念を整理しよう．

■定義 2.3.3　$\leq_1$ は集合 X 上の順序関係であり，A は X の部分集合であるとする．
  (1) X の要素 x が A の**上界**（upper bound）であるとは，$\forall a \in A\ a \leq_1 x$ となることをいう．
  (2) A の上界が存在するとき，A は**上に有界**であるという．
  (3) A の要素で，しかも A の上界にもなっているものを A の**最大元**という．
  (4) A の要素 x で「$\forall a \in A\ (x \leq_1 a \to x = a)$」をみたすものを A の**極大元**という．

極大元の定義の覚え方

俺様以上の者は（A の中では）俺様だけ．

俺様（極大元）と比較不能な者がいてもかまわない．極大元は A の最大元になる場合もあるし，A の小さな部分集合の最大元にすぎない場合もある．

☐ **例 2.3.6** 例 2.3.3 の順序関係において，$S = \{s_1, s_2, \ldots, s_{14}\}$ に最大元はない．S の極大元は s_4, s_5, s_{11} および s_{13} である．S の上界はない．$A = \{s_1, s_2, s_6\}$ とすると，A の最大元は s_2，A の極大元は s_2 のみ，A の上界は s_2 と s_5 である．

大小を反転させた概念は次のとおりである．

■ **定義 2.3.4** $\leq_1$ は集合 X 上の順序関係であり，A は X の部分集合であるとする．
 (1) X の要素 x が A の**下界**（かかい, lower bound）であるとは，$\forall a \in A \; x \leq_1 a$ となることをいう．
 (2) A の下界が存在するとき，A は**下に有界**であるという．
 (3) A の要素で，しかも A の下界にもなっているものを A の**最小元**という．
 (4) A の要素 x で「$\forall a \in A \; (a \leq_1 x \to x = a)$」をみたすものを A の**極小元**という．

☐ **例 2.3.7** 例 2.3.3 の順序関係において，$S = \{s_1, s_2, \ldots, s_{14}\}$ に最小元はない．S の極小元は $s_1, s_3, s_6, s_7, s_{10}, s_{12}$ および s_{14} である．S の下界はない．$A = \{s_1, s_2, s_6\}$ とすると，A の最小元はない．A の極小元は s_1 と s_6 であり，A の下界はない．

■ **定義 2.3.5** $\leq_1$ は集合 X 上の順序関係であり，A は X の部分集合であるとする．A の上界全体の集合が最小元をもつとき，それを A の**上限**という．また，A の下界全体の集合が最大元をもつとき，それを A の**下限**という．

空集合は最小元をもたないから，A の上界がないときは A の上限もない．同様に，A の下界がないときは A の下限もない．

☐ **例 2.3.8** 例 2.3.3 の順序関係において，$S = \{s_1, s_2, \ldots, s_{14}\}$ に上限はなく，下限もない．$A = \{s_1, s_2, s_6\}$ の上限は s_2 であり，A の下限はない．

☐ **例題 2.3.1** $X = \{1, 2, 3, 5, 6, 10, 15, 30\}$，$A = \{3, 6, 15\}$ とおく．「x が y の約数である」を「xRy」と表して定まる X 上の順序関係 R を考える．このとき，R に関する A の極大元，極小元，最大元，最小元，上界，下界，上限，下限を求めよ．ない場合は「ない」と答えること．

考え方 通常の数の大小関係ではなく R に基づいて論じること.

解 R を図示すると図 2.3.4 のとおりである. これより, 極大元は 6 と 15. 極小元は 3. 二つの極大元 6 と 15 は比較不能だから, 最大元はない. 最小元は 3. 上界は 6 と 15 のどちらよりも以上なものだから 30 のみ. 下界は 3 以下のものだから 1 と 3. 上限は 30 で, 下限は 3 である.

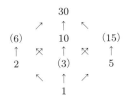

図 2.3.4 X の順序関係 R.
括弧内が A の要素である.

◆問 2.3.2 例題 2.3.1 において, R に関する $B = \{2, 10, 15\}$ の極大元, 極小元, 最大元, 最小元, 上界, 下界, 上限, 下限を求めよ. ない場合は「ない」と答えること.

2.4 発展的学習：空写像

0 個のものの中から 0 個選ぶやり方は何通りあるだろうか. ふつう, 数学では一通りと考える. これには裏づけとなる理論がある. 定義域が空集合である写像, すなわち空写像を考えよう. 空写像も写像として認めたほうが, 離散数学や位相空間論の諸定義がすっきりする. 一見わかりにくいが, 面白い話題でもある.

☐ **例題 2.4.1** どのような条件 $p(x)$ に対しても命題「$\forall x \in \emptyset \; p(x)$」が成り立つことを示せ.

解 矛盾についての規則「矛盾からは何でも導ける」を用いて $x \in \emptyset \to p(x)$ を導けるから, $\forall x \, (x \in \emptyset \to p(x))$ が成り立つ. これは $\forall x \in \emptyset \; p(x)$ のことである.

☐ **例 2.4.1** 次式のように, 任意の x と任意の y に対して R は偽と決める場合を考える.

$$\forall x \, \forall y (x \in X \land y \in Y \to \neg R(x, y)) \tag{2.4.1}$$

このときも「X の任意の要素 x と Y の任意の要素 y に対して R が成り立つか成り立たないか決まっている」といえる. よって, これも X から Y への関係である.

☐ **例題 2.4.2** X, Y の少なくとも一方が空集合であるとする．このとき，X から Y への関係はただ一つあって，それは「任意の x と任意の y に対して偽」となる関係（ここでは R_0 とよぼう）であることを示せ．

> **解** 例 2.4.1 により，R_0 は確かに X から Y への関係である．一方，R が X から Y への関係であるとすると，例題 2.4.1 と同様にして式 (2.4.1) が成り立つ．よって，$R = R_0$ である．以上により，R_0 は X から Y への唯一の関係である．

☐ **例題 2.4.3** (1) Y が集合であるとき，$\emptyset$ から Y への写像はただ一つあり，それは例題 2.4.2 の関係 R_0 であることを示せ（このとき，R_0 を **空写像** という）．
(2) X が空集合でないとき，X から $\emptyset$ への写像は存在しないことを示せ．

> **解** 以下の条件を $p(x)$ とよぼう．
>
> $$\exists y \in Y\, R(x,y) \land \forall y_1 \in Y\, \forall y_2 \in Y\, (R(x,y_1) \land R(x,y_2) \to y_1 = y_2)$$
>
> 例題 1.5.3 により，X から Y への関係 R が X から Y への写像であるための必要十分条件は $\forall x \in X\, p(x)$ で与えられる．
>
> (1) $\emptyset$ から Y への写像がもしあれば，それは $\emptyset$ から Y への関係だから，例題 2.4.2 によりその写像は R_0 でなければならない．あとは，R_0 が $\emptyset$ から Y への写像になっていることさえ示せば，R_0 が $\emptyset$ から Y への唯一の写像であるとわかる．
>
> ところが，「$\forall x \in \emptyset\, p(x)$」において R を R_0 で置き換えた命題は，例題 2.4.1 により成り立つ．よって，R_0 は X から Y への写像である．
>
> (2) $p(x)$ の Y を $\emptyset$ で置き換える．X の要素 x を固定すると，$p(x)$ は
>
> $$\exists y \in \emptyset\, R(x,y) \land \forall y_1 \in \emptyset\, \forall y_2 \in \emptyset\, (R(x,y_1) \land R(x,y_2) \to y_1 = y_2)$$
>
> となり，偽である．よって，$\exists x \in X\, \neg p(x)$ が成り立つ．これは $\forall x \in X\, p(x)$ の否定命題と同値である．よって，いかなる関係 R も X から $\emptyset$ への写像ではない．

空写像が $\emptyset$ から $\emptyset$ への全単射であることも，例題 2.4.3 (1) と同様にして証明できる．高校で「$(n+1)! = (n+1) \times n!$ を $n = 0$ でも成り立たせたいから，便宜上 $0! = 1$ と定める」と学んだかもしれない．しかし写像の初歩を知っていれば，最初から「0 以上 n 未満の整数全体の集合 Z_n から Z_n への全単射の総数を $n!$ と定める」と約束してもよかった．$Z_0 = \emptyset$ からそれ自身への全単射は空写像ただ一つであることから，この約束の下で $0! = 1$ となる．0 個のものについて漏れも重複もないリストを作るやり方は一つ，空なリストを考えること，というわけである．この $n!$ が高校の $n!$ と等しいことを証明するのは難しくない．

第 2 章の公式集

$$(a,b) = (c,d) \equiv a = c \land b = d \tag{1}$$

$$(a,b,c) = ((a,b),c) \tag{2}$$

$$X \times Y = \{z \mid \exists x \in X \; \exists y \in Y \; z = (x,y)\} \tag{3}$$

$$X \neq \emptyset \land Y \neq \emptyset \text{ のとき } X \times Y = \{(x,y) \mid x \in X \land y \in Y\} \tag{4}$$

$$\emptyset \times Y = \emptyset \tag{5}$$

$$X \times \emptyset = \emptyset \tag{6}$$

$$R \text{ が } X \text{ から } Y \text{ への関係} \equiv R \subset X \times Y \tag{7}$$

$$xRy \equiv (x,y) \in R \tag{8}$$

$$y = f(x) \equiv (x,y) \in f \tag{9}$$

$$f: X \to Y \text{ のとき 定義域 dom } f = X = \{x \mid \exists y \in Y \; (x,y) \in f\} \tag{10}$$

$$\text{像 } f[A] = \{y \in Y \mid \exists x \in A \; (x,y) \in f\} \tag{11}$$

$$\text{値域 ran } f = f[X] = \{y \in Y \mid \exists x \in X \; (x,y) \in f\} \tag{12}$$

$$\text{逆像 } f^{-1}[B] = \{x \in X \mid \exists y \in B \; (x,y) \in f\} \tag{13}$$

$$2 \text{ 項関係が同値関係になる条件} \equiv \text{反射律, 対称律, 推移律} \tag{14}$$

$$\text{反射律} \equiv xRx \tag{15}$$

$$\text{対称律} \equiv xRy \Rightarrow yRx \tag{16}$$

$$\text{推移律} \equiv xRy \land yRz \Rightarrow xRz \tag{17}$$

X 上の同値関係 R が与えられたとき

$$a \text{ の同値類} = [a]_R = \{x \in X \mid xRa\} \tag{18}$$

$$X \text{ の部分集合 } C \text{ が代表系} \equiv \forall a \in X \, ([a]_R \cap C \text{ の要素数}) = 1 \tag{19}$$

$$2\text{項関係が順序関係になる条件} \equiv \text{反射律, 反対称律, 推移律} \tag{20}$$

$$\text{反対称律} \equiv xRy \land yRx \Rightarrow x = y \tag{21}$$

$$\text{順序関係が全順序関係になる条件} \equiv \text{比較可能律} \tag{22}$$

$$\text{比較可能律} \equiv xRy \lor yRx \tag{23}$$

$\leq_1$ が X 上の順序関係で $A \subset X$ のとき

$$x \text{ が } A \text{ の上界} \equiv \forall a \in A \, a \leq_1 x \tag{24}$$

$$A \text{ は上に有界} \equiv A \text{ の上界が存在} \tag{25}$$

$$x \text{ が } A \text{ の最大元} \equiv x \in A \land x \text{ が } A \text{ の上界} \tag{26}$$

$$\text{極大元の定義の覚え方 : } \text{俺様以上の者は俺様だけ} \tag{27}$$

$$x \text{ が } A \text{ の極大元} \equiv x \in A \land \forall a \in A \, (x \leq_1 a \to x = a) \tag{28}$$

$$x \text{ が } A \text{ の下界 (かかい)} \equiv \forall a \in A \, x \leq_1 a \tag{29}$$

$$A \text{ は下に有界} \equiv A \text{ の下界が存在} \tag{30}$$

$$x \text{ が } A \text{ の最小元} \equiv x \in A \land x \text{ が } A \text{ の下界} \tag{31}$$

$$x \text{ が } A \text{ の極小元} \equiv x \in A \land \forall a \in A \, (a \leq_1 x \to x = a) \tag{32}$$

$$A \text{ の上限} \equiv A \text{ の上界全体の最小元} \tag{33}$$

$$A \text{ の下限} \equiv A \text{ の下界全体の最大元} \tag{34}$$

◆ 第 2 章の章末問題

――― A ―――

問題 2.1 X, Y, Z が集合であるとする．以下の等式を証明せよ．
(1) $X \times (Y \cup Z) = (X \times Y) \cup (X \times Z)$
(2) $X \times (Y \cap Z) = (X \times Y) \cap (X \times Z)$

問題 2.2 f は集合 X から Y への写像であるとする．「$f(x) = f(y)$」を「xRy」と表すことにより，X 上の 2 項関係 R を定める．このとき，R は X 上の同値関係であることを示せ．

問題 2.3 0 でない実数全体の集合 $X = \mathbb{R} - \{0\}$ において「ある有理数 q が存在して $qx = y$」を「xRy」と表すことにより，X 上の 2 項関係 R を定める．このとき，R は X 上の同値関係であることを示せ．

問題 2.4 R は集合 X 上の順序関係であるとする．「yRx」を「$xR^{-1}y$」と表すことにより，X 上の 2 項関係 R^{-1} を定める．R^{-1} が X 上の順序関係であることを示せ．

――― B ―――

問題 2.5 $X = \{0, 1, 2, 3, 4, 5, 6, 7, 8, 9, 10\}$ において「$x - y$ は 3 の倍数である」を「xRy」と表すことにより，X 上の 2 項関係 R を定める．このとき，例題 2.2.1 と同様にして，R は X 上の同値関係である．ここで問題である．では，X の要素をいくつか取り出すとき，R の代表系となる組み合わせは何通りあるか答えよ．

問題 2.6 R は集合 X 上の順序関係であり，m は X の最大値であるとする．このとき，m は X の唯一の極大値であることを示せ．

――― C ―――

問題 2.7 X, Y, Z が集合であるとする．
(1) $X \cup (Y \times Z)$ と $(X \cup Y) \times (X \cup Z)$ が等しくなる X, Y, Z の例と，等しくならない X, Y, Z の例をあげよ．
(2) $X \cap (Y \times Z)$ と $(X \cap Y) \times (X \cap Z)$ が等しくなる X, Y, Z の例と，等しくならない X, Y, Z の例をあげよ．

第3章

集合族と濃度

　ベン図は要素と集合からなる2階建ての世界を表すのに向いた図である．一方，大学の数学では集合族，すなわち集合の集合を考えたいことが多い．このとき，3階建てや4階建ての世界を考えることになる．このような世界の基本的な話題として，まず与えられた集合 X の部分集合すべての集まりであるべき集合を考える．次いで，与えられた同値関係において仲良しグループを作り，個々の仲良しグループを点だと思ったときにできる集合である商集合を導入する．商集合は，大学における数学で頻繁に用いられる大事な概念である．

　本章の最後では，全単射の概念を応用して濃度の概念を導入し，無限集合について考察する．初心者にとって濃度が何の役に立つかはわかりにくいが，濃度の面白さはわかると思う．数理論理学（数学基礎論）専攻でない数学科の学生にとって濃度の単元の意義は，のちに代数学で同型写像を学んだり，位相空間論で同相写像を学んだりするための基礎訓練である．

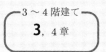

主な話題
- 集合を要素とする集合：集合族
- 無限集合の要素の個数：濃度

3.1　べき集合と商集合

3.1.1　集合族の考え方

　集合の世界を集合住宅にたとえよう．また，厳密な立場では集合と条件を区別すべきであるが，その区別も一時的に気にしないことにして，前章までの世界観を単純化してみよう．すると次のようになる．建物は2階建てである．水平方向には気が遠くなるほど長い．1階には集合でないものたち，たとえば数や数の順序対が住む．2階にはものの集まりとしての集合たちが住む（図3.1.1）．たとえば，$\{0, 3\}$ という集合は，

```
2階  ∅,   {0,3},   {0,(1,√2)},   …
1階  0,   3,      (1,√2),       …
```

図 3.1.1 Before: 1 階には集合でない要素たち，2 階には集合たちが住む

「(それは) 0 または 3 である」という，数についての条件とみなせるから，2 階に住んでいるのは条件だといってもよい．

これは素朴でわかりやすい世界観である．ただし，大学で数学の学びを続けていくうち，この世界観ではうまく理解できないことがたくさん出てくる．世界観のバージョンアップが必要になってくる．

本章では世界観を変える．必要に応じて 3 階や 4 階を増築できると考える．いままでも部分的にこっそり増築したことはあったが[*1]これからは堂々と行う．3 階にも集合が住み，その要素は 1 階の住人でもよいし，2 階の住人でもよく，両者が混じり合っていてもよい．4 階に住む集合の要素は 3 階以下の住人である（図 3.1.2）．

```
4階  {{{0,3}}},         …
3階  {{0,3}},   {(1,√2),{0,3}},   {0,3,(1,√2),{0,3}},   …
2階  ∅,        {0,3},              {0,(1,√2)},           …
1階  0,        3,                  (1,√2),               …
```

図 3.1.2 After: 3 階とそれより上を必要に応じて増築

空集合以外の集合は何かを要素としてもつと同時に，自分自身も他の集合の要素になる．集合を，このようにものと条件の二重性を備えた概念としてとらえてみよう．とくに，要素がすべて集合であるような集合を**集合族**という．また，要素がすべて写像であるような集合を**関数族**ということがある．

☐ **例 3.1.1** 0 以上 2 以下の自然数の中から相異なる 2 個を選ぶ組み合わせ全体の集まりを B_3 としよう．m と n からなる組み合わせを集合 $\{m,n\}$ と同一視すると，B_3 は集合族であり，$B_3 = \{\{0,1\},\{0,2\},\{1,2\}\}$ となる．また，自然数の中から相異なる 2 個を選ぶ組み合わせ全体の集まりを B_* とすると，これも集合族である．

☐ **例 3.1.2** 正の整数 n に対し，n と互いに素（すなわち，その数と n の最大公約数が 1) で，しかも 1 以上 n 以下であるような数全体の集合を Φ_n と書くことにしよう．た

[*1] たとえば，例 0.2.1 で考えた $\{\{1,2\}\}$ は，3 階の住人である．

とえば，$\Phi_1 = \Phi_2 = \{1\}$, $\Phi_3 = \{1,2\}$, $\Phi_4 = \{1,3\}$, $\Phi_5 = \{1,2,3,4\}$, $\Phi_6 = \{1,5\}$, $\Phi_7 = \{1,2,3,4,5,6\}$ である．$E_7 = \{\Phi_1,\ldots,\Phi_7\}$ とおくと，これは集合族である．また，$E_* = \{\Phi_n \mid n\text{ は正の整数}\}$ とおくと，これも集合族である．

例 3.1.2 の E_7 や E_* は，各要素に番号がついている（Φ_n の n）．数列と同様に，この n を**インデックス**，**添え字**，あるいは**添数**（てんすう）という．例 3.1.2 の E_7 や E_* のように，各要素に添え字がついた集合族を**添え字付けられた集合族**という．

さて，和集合は二つの集合に対する概念であるが，これを拡張し，集合族に対して和集合を定義しよう．集合 X と Y の和集合 $X \cup Y$ は，X, Y の少なくとも一方に属するものすべての集まりであった．これを集合族 $\{X, Y\}$ の和集合とみなすことにして $\bigcup \{X, Y\}$ とも書くことにしよう．添え字付けられた集合族 $\{X_1,\ldots,X_n\}$ が与えられたときは，$X_1,\ldots,X_n$ の少なくとも一つに属するものすべての集まりを考え，これを $\{X_1,\ldots,X_n\}$ の和集合と考え，$\bigcup \{X_1,\ldots,X_n\}$ と書くことにする．数列の部分和をまねて $\bigcup_{i=1}^{n} X_i$ と書くこともある（図 3.1.3）．

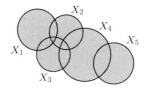

図 3.1.3　$\bigcup_{i=1}^{5} X_i$

このように集合族の要素が有限個しかない場合は，上記の和集合を $X_1 \cup \cdots \cup X_n$ と書き直すことも許されるが，例 3.1.2 の E_* のように要素を無限個もつ集合族の場合，そうはいかない．添え字付けられた集合族 $\mathcal{F} = \{X_i \mid i \in \mathbb{N}\}$ が与えられたときは，$X_0, X_1, X_2, \ldots$ の少なくとも一つに属するものすべての集まりを考え，これを $\mathcal{F}$ の和集合と考え，$\bigcup \mathcal{F}$ と書く．級数の和をまねて $\bigcup_{i=0}^{\infty} X_i$ と書くこともある．以下の等式が成り立つことに注意しよう．

$$\bigcup \mathcal{F} = \{x \mid \exists i \in \mathbb{N}\ x \in X_i\}$$

例 3.1.1 からわかるとおり，集合族は添え字付けられているとは限らない．一般には次のように定義する．

■ **定義 3.1.1** $\mathcal{F}$ は集合族であるとする．
(1) $\mathcal{F}$ の**和集合**とは，$\mathcal{F}$ の少なくとも一つの要素に属するものすべてからなる集合

とする．これを $\bigcup \mathcal{F}$ で表す．

$$\bigcup \mathcal{F} = \{x \mid \exists A \in \mathcal{F}\ x \in A\}$$

(2) $\mathcal{F}$ が空集合でないとき，$\mathcal{F}$ の**共通部分**とは，$\mathcal{F}$ のすべての要素に属するものすべてからなる集合とする．これを $\bigcap \mathcal{F}$ で表す．

$$\bigcap \mathcal{F} = \{x \mid \forall A \in \mathcal{F}\ x \in A\}$$

図 3.1.2 のたとえでいうと，もし $\mathcal{F}$ の要素がみな 2 階の住人なら，$\bigcup \mathcal{F}$ も $\bigcap \mathcal{F}$ も 2 階の住人になる．

集合に関する分配法則とド モルガンの法則は，集合族に拡張される．

□ **例題 3.1.1（集合族に対する分配法則）** A は集合であり，$\mathcal{F}$ は集合族であるとする．このとき，以下の等式を証明せよ．ただし，(2) では $\mathcal{F}$ が空でないと仮定する．
(1) $A \cap \bigcup \mathcal{F} = \bigcup \{A \cap B \mid B \in \mathcal{F}\}$
(2) $A \cup \bigcap \mathcal{F} = \bigcap \{A \cup B \mid B \in \mathcal{F}\}$

解 (1) 「$x \in$ (左辺)」と「$x \in$ (右辺)」が同値であることを示せばよい．
場合 1：$x \in A$ のとき．「$x \in$ (左辺)」と「$x \in$ (右辺)」はどちらも $x \in \bigcup \mathcal{F}$ と同値なので，同値である．
場合 2：そうでないとき，$x \notin A$ である．このとき「$x \in$ (左辺)」と「$x \in$ (右辺)」はどちらも成り立たないから，同値である．
以上により $x \in$ (左辺) $\Leftrightarrow x \in$ (右辺) である．よって (左辺)=(右辺)．
(2)「$x \in$ (左辺)」と「$x \in$ (右辺)」が同値であることを示せばよい．
場合 1：$x \in A$ のとき．「$x \in$ (左辺)」と「$x \in$ (右辺)」はどちらも成り立つから，同値である．
場合 2：そうでないとき，$x \notin A$ である．このとき．「$x \in$ (左辺)」と「$x \in$ (右辺)」はどちらも $x \in \bigcap \mathcal{F}$ と同値なので，同値である．
以上により $x \in$ (左辺) $\Leftrightarrow x \in$ (右辺) である．よって (左辺)=(右辺)．

□ **例題 3.1.2（集合族に対するド モルガンの法則）** E を全体集合とする．$\mathcal{F}$ は空でない集合族であり，$\mathcal{F}$ の要素はすべて E の部分集合であるとする．このとき，以下の等式を証明せよ．
(1) $(\bigcup \mathcal{F})^c = \bigcap \{A^c \mid A \in \mathcal{F}\}$
(2) $(\bigcap \mathcal{F})^c = \bigcup \{A^c \mid A \in \mathcal{F}\}$

解 　以下，x の変域は E であるとする．
　(1) x が左辺に属するための必要十分条件は $\neg(\exists A \in \mathcal{F}\ x \in A)$ である．ド モルガンの法則（存在命題の否定）により，これは $\forall A \in \mathcal{F}\ x \in A^c$ と同値である．これは x が右辺に属するための必要十分条件である．以上により，左辺と右辺は等しい．
　(2) x が左辺に属するための必要十分条件は $\neg(\forall A \in \mathcal{F}\ x \in A)$ である．ド モルガンの法則（任意命題の否定）により，これは $\exists A \in \mathcal{F}\ x \in A^c$ と同値である．これは x が右辺に属するための必要十分条件である．以上により，左辺と右辺は等しい．

3.1.2　べき集合

■ **定義 3.1.2**　集合 X が与えられたとき，X の部分集合全体の集まりを X の**べき集合**（パワーセット）といい，2^X または $P(X)$ で表す．

　べき集合を奇妙な名前と思うかもしれないが，べき乗は累乗と同じ意味である．X の要素の個数が n のとき，べき集合の要素の個数は 2^n，つまり 2 の累乗になるので，そのような名前となっている．

□ **例 3.1.3**　正の整数 n に対して $Z_n = \{0, 1, \ldots, n-1\}$ とおく．このとき 2^{Z_n} はちょうど 2^n 個の要素をもつ．0 が属するかどうかで 2 通り，1 が属するかどうかで 2 通り，…となるためである．

　例 3.1.3 の場合，下付き文字のある数式（Z_n）を指数の位置においているためみにくい．こういう場合は $P(Z_n)$ という表記法のほうがみやすい．
　図 3.1.2 のたとえでいうと，2 階かそれ以上の階に住んでいる X に対してだけ 2^X を考える．もし X が 2 階の住人なら，2^X は 3 階の住人になる．

□ **例 3.1.4**　集合 X が与えられたとき，以下に示すように包含関係は 2^X 上の順序になる．厳密にいえば 2^X 上の 2 項関係 $R = \{(Y, Z) \in 2^X \times 2^X \mid Y \subset Z\}$ を考えているのであるが，誤解のおそれがなければ，この R のことも単に $\subset$ と書く．
　$x \in Y$ から $x \in Y$ を導けるから，$Y \subset Y$ が成り立つ．よって反射律が成り立つ．
　外延性公理（1.2.3 項）により，反対称律が成り立つ．
　$x \in Y$ から $x \in Z$ を導くことができ，$x \in Z$ から $x \in W$ を導くことができるとき，$x \in Y$ から $x \in W$ を導くことができる．したがって，$Y \subset Z \wedge Z \subset W \to Y \subset W$ が成り立つ．よって推移律が成り立つ．

3.1 べき集合と商集合

◼ **定理 3.1.1**（カントル） 集合 X が与えられたとする．このとき，X からべき集合 2^X への全射は存在しない．

証明 写像 $f : X \to 2^X$ が与えられたとする．f が全射でないことを示そう．それには $Y \in 2^X, \forall x \in X \; Y \neq f(x)$ となる Y の存在を示せばよい．そこで，$Y = \{x \in X | x \notin f(x)\}$ とおく．このときどのような $x \in X$ に対しても，「$x \in Y \leftrightarrow x \notin f(x)$」となるから，確かに $Y \neq f(x)$ である． □

上記証明の考え方を説明しよう．まず，全射でないための条件は，さびしい Y がいることであった（1.5.5 項）．問題は Y の作り方である．いま，$f[X] = \{f(x), f(y), f(z), \ldots\}$ の要素を重複なくもれなく縦に並べた様子を想像し，集合 X の要素 $x, y, z, \ldots$ を横に並べ，$f(x)$ の行と y の列が交差したマス目には $f(x)$ が y を要素にもつかどうかを書き込んで表を作る．いまはあくまでも考え方を紹介しているところなので，本当に表を書けるかどうかは問わず，仮に書けたと想像してみよう．ここで左上から右下に伸びる対角線に着目し，この対角線上の条件の一つひとつを否定して集合 Y に対する条件の集まりを考える．

図 3.1.4 では対角線上の条件が「$x \in f(x), y \notin f(y), z \in f(z), \ldots$」であり，$Y$ に対する条件の集まりは「$x \notin Y, y \in Y, z \notin Y, \ldots$」となる．この条件の集まりに従って集合 Y を作ると，Y は a 行目の集合 $f(x_a)$ とは a 列目の条件が異なるから $Y \neq f(x_a)$ となる．したがって，Y はこの表のどの行とも一致せず，さびしい思いをするはずである．以上の考察からいい加減な部分をそぎ落としたのが，定理 3.1.1 に対する上記の証明である．定理 3.1.1 で Y を作るやり方は**対角線論法**とよばれる．

	x	y	z	$\cdots$
$f(x)$	$x \in f(x)$	$y \notin f(x)$	$z \in f(x)$	$\cdots$
$f(y)$	$x \in f(y)$	$y \notin f(y)$	$z \notin f(y)$	$\cdots$
$f(z)$	$x \notin f(z)$	$y \in f(z)$	$z \in f(z)$	$\cdots$
$\vdots$	$\vdots$	$\vdots$	$\vdots$	

図 3.1.4 対角線論法

数学の中で対角線論法は，何かの存在を示すために使われることもあるし，何かが存在しないことを証明するためにも使われる．実際，定理 3.1.1 に対する上記の証明は，$\forall x \in X \; Y \neq f(x)$ となる Y の存在証明にもなっているし，全射の非存在証明にもなっている．

3.1.3 商集合

同値関係から作られる集合族として，商集合がある．これはべき集合以上の珍名さんであるが，とても有用な概念なのでぜひとも親しんでおきたい．商集合は代表系の代わりになるものであり，代表系よりも洗練された概念である．

定義 3.1.3 集合 X 上の同値関係 R が与えられたとする．このとき，同値類全体からなる集合族 $\{[a]_R \mid a \in X\}$ を X の R による**商集合**といい，X/R で表す．

例 3.1.5 同値類の単元でみた例 2.2.2 を思い出そう（図 3.1.5）．

図 3.1.5 無向グラフにおける連結成分が作る商集合（図 2.2.1 再掲）

代表系の作り方は一通りに定まらない．$\{s_1, s_3, s_7, s_{12}\}$ は代表系であり，$\{s_5, s_4, s_9, s_{14}\}$ も代表系である．ここで発想を転換する．代表元を選ぶのをやめて，個々の仲良しグループを一つの点とみるのである．たとえば，s_1 とつながっている学生たちは主にスポーツの話で盛り上がっており，s_3 と s_4 は学問，s_7 とつながっている学生たちはパーティー，s_{12} とつながっている学生たちはアニメの話で盛り上がっているとする．そこで，個々の仲良しグループにニックネームをつけ，それらの集合として $\{$体育会系, 学者肌, 社交家, アニメ好き$\}$ を考える．これは実質的に，商集合を考えていることに相当する．

例 3.1.6 例 3.1.5 に関連する集合や要素のおのおのは，図 3.1.2 のたとえでいうと，何階に住むのか考察する（図 3.1.6）．

個々の学生 s_i は 1 階に住む．同値類 $[s_i]_{\sim_1}$ は学生の集合だから 2 階に住む．代表系

```
3階  {[s_1]_{~_1}, [s_3]_{~_1}, [s_7]_{~_1}, [s_{12}]_{~_1}}
2階  [s_1]_{~_1}, [s_3]_{~_1}, [s_7]_{~_1}, [s_{12}]_{~_1},  {s_1, s_3, s_7, s_{12}}, {s_5, s_4, s_9, s_{14}}, ...
1階   s_1,  s_2,  s_3,  ...
```

図 3.1.6 同値類と代表系よりも一つ上の階に商集合が住む

$\{s_1, s_3, s_7, s_{12}\}$ も同じ理由により 2 階に住む. 商集合 $\{[s_1]_{\sim_1}, [s_3]_{\sim_1}, [s_7]_{\sim_1}, [s_{12}]_{\sim_1}\}$ の要素は 2 階の住人ばかりだから，商集合は 3 階に住む.

☐ **例 3.1.7** $\mathbb{Z}$ 上の同値関係 $xRy : x \equiv y \mod 3$ において，商集合は $\{[0]_R, [1]_R, [2]_R\}$ である.

3.2 濃度

3.2.1 有限集合の要素の個数

要素の個数が自然数であるような集合を有限集合という．ここでいう自然数とは $0,1,2,\ldots$ のことであるが，ここでは自然数についてこれ以上厳密な定義はしない．自然数の厳密な定義まで配慮して有限集合の概念を定義するのは，それなりに専門的な準備を要する.

■ **定義 3.2.1** 自然数 n に対して，0 以上 n 未満の整数全体の集合を Z_n で表そう．ある自然数 n が存在して，Z_n から集合 X への全単射 $f : Z_n \to X$ が存在するとき，X を**有限集合**という．このとき n を X の**要素の個数**，あるいは X の**濃度**といって $|X|$ で表す.

有限集合 A_1, A_2 の要素の個数について以下の等式が成り立つことを高校で学んだであろう.

$$|A_1 \cup A_2| = |A_1| + |A_2| - |A_1 \cap A_2| \tag{3.2.1}$$

この式はベン図を描いて納得することができる．式を用いて証明するには以下のようにすればよい．集合について二つの等式 $A_1 \cup A_2 = A_1 \cup (A_1^c \cap A_2)$ と $A_1 \cap (A_1^c \cap A_2) = \emptyset$ が成り立つから，$|A_1 \cup A_2| = |A_1| + |A_1^c \cap A_2|$ となる．最後の式は次のように変形できる．$|A_1| + (|A_1^c \cap A_2| + |A_1 \cap A_2|) - |A_1 \cap A_2| = |A_1| + |A_2| - |A_1 \cap A_2|$.

☐ **例題 3.2.1** A_1, A_2, A_3 が有限集合であるとする．このとき，以下が成り立つことを示せ.

$$|A_1 \cup A_2 \cup A_3|$$
$$= |A_1| + |A_2| + |A_3| - |A_1 \cap A_2| - |A_1 \cap A_3| - |A_2 \cap A_3| + |A_1 \cap A_2 \cap A_3| \tag{3.2.2}$$

解 式 (3.2.1) を用いると，式 (3.2.2) の左辺は以下に等しい．

$$|(A_1 \cup A_2) \cup A_3| = |A_1 \cup A_2| + |A_3| - |(A_1 \cup A_2) \cap A_3| \qquad (3.2.3)$$

分配法則により $|(A_1 \cup A_2) \cap A_3| = |(A_1 \cap A_3) \cup (A_2 \cap A_3)|$ であり，再び式 (3.2.1) を用いると，最後の式は以下に等しい．$|A_1 \cap A_3| + |A_2 \cap A_3| - |A_1 \cap A_2 \cap A_3|$．よって，$-|(A_1 \cup A_2) \cap A_3| = -|A_1 \cap A_3| - |A_2 \cap A_3| + |A_1 \cap A_2 \cap A_3|$ となる．
この結果と式 (3.2.1) を式 (3.2.3) に代入すると，式 (3.2.2) を得る．

3.2.2 可算無限集合

無限集合に対して濃度を定義するには専門的な準備が必要である．ここではそうした準備の手間を避け，濃度自体を定義せずに「濃度が等しい」という概念を定義する．
さて，運動会の玉入れで，赤組と白組が競ったとする．赤玉と白玉を一つずつ同時に両組のバスケットから取り出していって，双方のバスケットが同時に空になったとしよう．このとき，赤玉と白玉の個数が同じであると結論できる．たとえ赤玉がいくつであるか意識していなくてもできるところが大事である．これと似た考え方に基づいて以下の定義をする．

■ **定義 3.2.2** (1) 集合 X から集合 Y への全単射があるとき，X と Y は**濃度が等しい**といい，$X \sim Y$ と表す．
(2) X から Y への単射があるとき，$X \preceq Y$ と表す．

第 2 章では全体集合 X を与えた上で X 上の同値関係や順序関係を定義した．それらの定義において，「X はクラスなら何でもよい，集合でなくてもよい」と条件をゆるめることにより，クラス上の同値関係や順序関係を定義できる．あらゆる集合の集まりを V と表そう．

□ **例題 3.2.2** (1) 濃度が等しいという関係 $\sim$ はクラス V 上の同値関係であることを示せ．
(2) 関係 $\preceq$ はクラス V 上の擬順序関係（2.3.1 項）であることを示せ．

解 (1) 反射律 $X \sim X$ は，X 上の恒等写像 id_X が全単射であることによる．対称律 $X \sim Y \to Y \sim X$ は，全単射の逆写像が全単射であることによる．推移律 $X \sim Y \wedge Y \sim Z \to X \sim Z$ は，全単射と全単射の合成写像が全単射になることによる．
(2) 反射律 $X \preceq X$ は，X 上の恒等写像 id_X が単射であることによる．推移律 $X \preceq Y \wedge Y \preceq Z \to X \preceq Z$ は，単射と単射の合成写像が単射になることによる．

3.2 濃度

■ **定義 3.2.3** 有限集合でない集合を**無限集合**という．自然数全体の集合 $\mathbb{N}$ と濃度が等しい集合を**可算無限集合**といい，可算でない無限集合を**非可算無限集合**という．

□ **例 3.2.1** 負でない偶数全体の集合（E とする）が可算無限集合であることを証明する．$f : \mathbb{N} \to E; n \mapsto 2n$ とすれば，f は $\mathbb{N}$ から E への全単射になる．よって，E は可算無限集合である．同様に，正の奇数全体の集合も可算無限集合である．

□ **例 3.2.2** 整数全体の集合 $\mathbb{Z}$ が可算無限集合であることを示す．例 3.2.1 により，$\mathbb{N}$ から負でない偶数全体の集合への全単射 f_0 を得る．同様にして，負の整数全体の集合から正の奇数全体の集合への全単射 f_1 を得る．すると，$f_0 \cup f_1$ は $\mathbb{Z}$ から $\mathbb{N}$ への全単射になる．よって，$\mathbb{Z}$ は可算無限集合である．

□ **例題 3.2.3** $\mathbb{N}^2$ が可算無限集合であることを示せ．

悪い考え方 最初に $(0,0), (0,1), (0,2), \ldots$ と，左の成分が 0 であるものを全部並べてみる．これには終わりがないので，いつまでも $(1,0)$ に順番が回ってこない．

解 座標平面において，座標が自然数であるような点すべてに注目する（図 3.2.1 右半分）．これらを一列に並べなおしたい．それには，図 3.2.1 左半分のように上記の格子点すべてに番号付けをすればよい．

```
  ⋮                           ⋮
  6  ⋯               f      (0,3)  ⋯
  3  7  ⋯            →      (0,2) (1,2)  ⋯
  1  4  8  ⋯                (0,1) (1,1) (2,1)  ⋯
  0  2  5  9                (0,0) (1,0) (2,0) (3,0)
```

図 3.2.1 自然数全体の集合からその直積への全単射

以上をもう少しきちんというと次のとおりである．$a+b$ の値が小さい順序対 (a,b) をなるべく先（左）に並べ，$a+b$ の値が同じものの中では a の値が小さいものを先に並べる．すると $(0,0), (0,1), (1,0), (0,2), (1,1), (2,0), (0,3), \ldots$ という順序対の列ができる．この列を $f(0), f(1), f(2), \ldots$ とすることにより，$\mathbb{N}$ から $\mathbb{N}^2$ への全単射を得る．

◆ **問 3.2.1** A, B が可算無限集合のとき $A \times B$ も可算無限集合であることを示せ．

□ **例 3.2.3** 有理数全体の集合 $\mathbb{Q}$ は可算無限集合である．証明は次のようにすればよい．まず，正の有理数全体の集合を $\mathbb{Q}_+$ とおく．これが可算無限集合であることさえ示せれば，あとは例 3.2.2 と同様にして $\mathbb{Q}$ が可算無限集合であるとわかる．

そこで，例題 3.2.3 における順序対の列 $(0,0), (0,1), \ldots, (m,n), \ldots$ において，

$m > 0 \wedge n > 0$ となる項を有理数 m/n で置き換え，そうでない項を除去することによって有理数列 $q_0, q_1, q_2, \ldots$ を定める．次に，この列において「$\forall i < n\ q_i \neq q_n$」となる項 q_n（初登場の項）のみを残して部分列 $q'_0, q'_1, q'_2, \ldots$ を作る．すると，対応 $n \mapsto q'_n$ によって $\mathbb{N}$ から $\mathbb{Q}_+$ への全単射が定まる．よって，$\mathbb{Q}_+$ は可算無限集合であり，したがって $\mathbb{Q}$ も可算無限集合である．

濃度が等しいことを判定する上で便利な定理を紹介しよう．

■ **補題 3.2.1** 集合 A, B, C に対して $A \subset B \subset C$ という包含関係が成り立ち，かつ，$A \sim C$ であるとする．このとき $B \sim C$ である．

考え方 集合 C を，無限に分厚いサンドイッチのような集合と考える．

$$C = (\text{ベーコン})_0 \cup (\text{パン})_0 \cup (\text{ベーコン})_1 \cup (\text{パン})_1 \cup \cdots \cup (\text{パン})_\infty$$

集合 B も同様に考える．

$$B = (\text{パン})_0 \cup (\text{ベーコン})_1 \cup (\text{パン})_1 \cup (\text{ベーコン})_2 \cup \cdots \cup (\text{パン})_\infty$$

ベーコンが一番表になっている C はいかにも食べにくそうである．写像の魔法によって C を B に変身させたい．つまり，C から B への全単射を作りたい．そこで，$(\text{パン})_n$ からそれ自身への恒等写像 $x \mapsto x$ と，$(\text{ベーコン})_n$ から $(\text{ベーコン})_{n+1}$ への全単射をつぎはぎする．以上のたとえ話における $(\text{ベーコン})_n$ は以下の証明における $C_n - B_n$ であり，$(\text{パン})_n$ は $B_n - C_{n+1}$．そして $(\text{パン})_\infty$ は $\bigcap_{n=0}^{\infty} C_n$ である．

証明 以下で添え字付けられた集合の族 $\{C_n \mid n \in \mathbb{N}\}, \{B_n \mid n \in \mathbb{N}\}$ を作る．$C_0 = C, C_1 = A, B_0 = B$ とおく．まず，f を C_0 から C_1 への全単射とする．$n \geq 1$ に対して $C_{n+1} = f[C_n]$ と定め，$n \geq 0$ に対して $B_{n+1} = f[B_n]$ と定める．

もともと $C_1 \subset B_0 \subset C_0$ であったから，任意の n に対して $C_{n+1} \subset B_n \subset C_n$ が成り立つ．つまり，次のようになっている．

$$C_0 \supset B_0 \supset C_1 \supset B_1 \supset C_2 \supset \cdots \supset C_n \supset B_n \supset C_{n+1} \supset \cdots \supset \bigcap_{n=0}^{\infty} C_n$$

ここで，C, B をそれぞれ次のように分割できることに注意しよう．

$$C = \bigcup \{\underbrace{(C_0 - B_0)}_{*}, (B_0 - C_1), (C_1 - B_1), \ldots,$$

$$\underbrace{(C_n - B_n)}_{\dagger}, (B_n - C_{n+1}), (C_{n+1} - B_{n+1}), \ldots\} \cup \bigcap_{n=0}^{\infty} C_n$$

$$B = \bigcup \{\quad (B_0 - C_1), \underbrace{(C_1 - B_1)}_{*}, \ldots,$$

$$(C_n - B_n), (B_n - C_{n+1}), \underbrace{(C_{n+1} - B_{n+1})}_{\dagger}, \ldots\} \cup \bigcap_{n=0}^{\infty} C_n$$

ここでひと工夫する．C の分割における $*$ の部分は f によって，B の分割における $*$ の部分に写る．これらの部分どうしの対応は全単射になっている．C の分割における $\dagger$ の部分も，f によって B の分割における $\dagger$ の部分に写る．これらの部分どうしの対応も全単射になっている．そこで各 n に対し，C の分割における $C_n - B_n$ という形の部分を，f によって B の分割における $C_{n+1} - B_{n+1}$ に写し，他の部分は動かさないことにする．

より正確には次のとおりである．$g : C \to B$ を以下のように定める．$\exists n \in \mathbb{N}\ x \in C_n - B_n$ の場合，$g(x) = f(x)$．それ以外の場合，$g(x) = x$．すると，g が C から B への全単射であることが容易にわかる． □

以下の定理はカントル，ベルンシュタイン，シュレーダーらによるものであり，しばしば単に**ベルンシュタインの定理**とよばれる．

■ **定理 3.2.1（ベルンシュタインの定理）** 集合 A, B に対して $A \preceq B$ と $B \preceq A$ がともに成り立つとする．このとき $A \sim B$ である．

証明 f は A から B への単射であり，g は B から A への単射であるとする．g は B から $g[B]$ への全単射であるから $B \sim g[B]$ である．よって，$A \sim g[B]$ を示せば $A \sim B$ を得る．いま，$(g \circ f)[A] = g[f[A]]$ であることと $f[A] \subset B$ であることに注意すると，$(g \circ f)[A] \subset g[B] \subset A$ を得る．しかも $g \circ f$ は A から $(g \circ f)[A]$ への全単射であるから，補題 3.2.1 により，$A \sim g[B]$ が成り立つ． □

□ **例 3.2.4** ベルンシュタインの定理を用いて例題 3.2.3 の別証明を与える．$f_1 : \mathbb{N} \to \mathbb{N}^2; n \mapsto (n, 0)$ は単射である．また，$f_2 : \mathbb{N}^2 \to \mathbb{N}; (m, n) \mapsto 2^m 3^n$ も単射である．よって，ベルンシュタインの定理により，$\mathbb{N} \sim \mathbb{N}^2$ が成り立つ．

◆ **問 3.2.2** (1) 有限集合と可算無限集合の和集合は可算無限集合であることを示せ．
(2) 可算無限集合と可算無限集合の和集合は可算無限集合であることを示せ．

□ **例題 3.2.4** 集合 X が有限集合であることを (i)「ある自然数 n が存在して，Z_n から集合 X への全単射 $f : Z_n \to X$ が存在する」ことと定義した（定義 3.2.1）．ただし，0 以上 n 未満の整数全体の集合を Z_n と書いている．集合 X が有限集合であるこ

とと,(ii)「ある自然数 m が存在して,Z_m から集合 X への全射 $f : Z_m \to X$ が存在する」ことが同値であることを示せ.

略解　「(i)→(ii)」は明らかである.以下で最小数の原理(0.2 節)を用いて「(ii)→(i)」を示す.

(ii) を仮定する.Z_m から集合 X への全射が存在するような自然数 m のうち最小のものを ℓ とする.このとき,Z_ℓ から集合 X への全射 f が存在する.すると,ℓ の最小性により,f が単射であることが容易にわかる.ゆえに f は全単射であり,したがって (i) が成り立つ.

以上により,(i) と (ii) は同値である.

3.2.3 非可算無限集合

定理 3.1.1 の系として以下を得る.

系 3.2.1　自然数全体の集合 $\mathbb{N}$ のべき集合 $2^{\mathbb{N}}$ は,非可算無限集合である.

非可算無限集合と濃度が等しい集合は,非可算無限集合である.ほかにも非可算無限集合の例をあげよう.

例 3.2.5　0,1 以外の項をもたない数列(たとえば $a_{2n} = 0, a_{2n+1} = 1$ で定義される $\{a_n\}$)全体の集合は非可算無限集合である.証明は以下のとおりである.上記の集合を S で表す.S の要素 $a = \{a_n\}$ が与えられたとき,自然数の集合 B_a を $B_a = \{n \in \mathbb{N} \mid a_n = 1\}$ と定める.このとき,写像 $a \mapsto B_a$ が S から $2^{\mathbb{N}}$ への全単射になることが容易にわかる.すると,系 3.2.1 によって S が非可算無限集合であることがわかる.

数直線において,開区間 (a, b) は $a < x < b$ となる x 全体の集合を表し,閉区間 $[a, b]$ は $a \leq x \leq b$ となる x 全体の集合を表す.

例題 3.2.5　開区間 $(0, 1)$ は閉区間 $[0, 1]$ と濃度が等しいことを示せ.

解　$f_1 : (0, 1) \to [0, 1]; x \mapsto x$ は,$(0, 1)$ から $[0, 1]$ への単射である.また,$f_2 : [0, 1] \to (0, 1); x \mapsto (x + 1)/3$ は,$[0, 1]$ から $(0, 1)$ への単射である.よって,ベルンシュタインの定理により $(0, 1) \sim [0, 1]$ が成り立つ.

定理 3.2.2(カントル)　実数全体の集合 $\mathbb{R}$ は非可算無限集合である.

証明 例 3.2.5 の集合 S を用いて，以下三つの主張を示そう．

主張 1 $(0,1) \sim \mathbb{R}$．   **主張 2** $(0,1) \preceq S$．   **主張 3** $S \preceq [0,1]$．

これら三つを示せば，例題 3.2.5 とベルンシュタインの定理によって $\mathbb{R} \sim S$ がわかり，すると，例 3.2.5 によって $\mathbb{R}$ が非可算であると証明できる．

主張 1 の証明：まず，開区間 $(0,1)$ は $(-\pi/2, \pi/2)$ と濃度が等しい．なぜならば，写像 $x \mapsto \pi(2x-1)/2$ が全単射になるからである．また，$\tan x$ は開区間 $(-\pi/2, \pi/2)$ から $\mathbb{R}$ への全単射である．よって，主張 1 が成り立つ．

主張 2 の証明：与えられた実数 x ($0 < x < 1$) を二進展開する．ただし，ある位から先がすべて 0 のときは，たとえば $0.1011 = 0.1010\dot{1}$ のように無限に続く 1 を用いて表す．ここで，頭のドットはその数字が無限に反復することを表す．すると，x の二進展開 $0.a_0 a_1 a_2 \cdots$ は x に応じて一通りに決まる．つまり，x に数列 $\{a_n\}$ を対応させる写像は $(0,1)$ から S への単射である．

主張 3 の証明：0, 2 以外の項をもたない数列全体の集合を S' とする．S は S' と濃度が等しい（2 を 1 に読み替えれば全単射ができるから）．いま S' の要素 $a = \{a_n\}$ が与えられたとする．a に三進小数 $0.a_0 a_1 a_2 \ldots$ を対応させる写像は S' から $[0,1]$ への単射になる．よって，$S \preceq [0,1]$ が成り立つ．以上で定理が証明された． □

定理 3.2.2 の証明中，$S \preceq [0,1]$ を示すところで二進小数を使うのはよくない．たとえば $0.0\dot{1} = 0.1$ となり，数列から実数への対応が単射でなくなってしまうからである．一方，三進法において $0.0\triangle$ と $0.2\triangle$ は決して同じ数を表さない．ただし，「$\triangle$」のところに何が並ぶかは不明であり，無限に数字が続いているかもしれないとする．なぜ $0.0\triangle \neq 0.2\triangle$ となるかというと，$0.0\triangle \leq 0.1 < 0.2 \leq 0.2\triangle$ だからである．

0 以上 1 以下の実数のうち，三進小数展開の小数点以下に 1 が現れないもの全体を**カントル集合**という（図 3.2.2）．定理 3.2.2 の証明により，これは非可算無限集合である．

図 3.2.2   カントル集合（太線部を次々に取り除く）

◆**問 3.2.3**   無理数全体の集合は実数全体の集合 $\mathbb{R}$ と濃度が等しい（よって非可算無限集合である）ことを示せ．［ヒント　いろいろな解き方がある．ベルンシュタインの定理を使うのも一つである．その場合，$\mathbb{R}$ から $\mathbb{R} - \mathbb{Q}$ への単射を作るところに少し工夫がいる．無理数はそのまま恒等写像で写したいが，有理数はそうはいかない．有理数の避難先を作らな

ければいけない．そこで，無理数を恒等写像で写すのをやめる．代わりに $\mathbb{R} - \mathbb{Q}$ のしかるべき真部分集合を決め，無理数はその中に引っ越してもらう．］

さて，集合 X が実数全体の集合 $\mathbb{R}$ と濃度が等しいとき，X を**連続体濃度**の集合という．$2^{\mathbb{N}}$，開区間 $(0,1)$，閉区間 $[0,1]$，$0,1$ 以外の項をもたない数列全体の集合，無理数全体の集合およびカントル集合は，いずれも連続体濃度の集合である．

□ **例題 3.2.6** $\mathbb{R}$ のべき集合 $2^{\mathbb{R}}$ は非可算無限集合であり，かつ，連続体濃度の集合でないことを示せ．

解 $\mathbb{N}$ から $2^{\mathbb{N}}$ への全射はない．$\mathcal{A} = \{\{x\} \mid x \in \mathbb{R}\}$ とおくと $2^{\mathbb{N}} \sim \mathbb{R} \sim \mathcal{A}$ だから，$\mathbb{N}$ から $\mathcal{A}$ への全射はない．ところが $\mathcal{A} \subset 2^{\mathbb{R}}$ が成り立つから，$\mathbb{N}$ から $2^{\mathbb{R}}$ への全射はない．よって，$2^{\mathbb{R}}$ は非可算無限集合である．
また，$\mathbb{R}$ から $2^{\mathbb{R}}$ への全射はないから，$2^{\mathbb{R}}$ は連続体濃度の集合ではない．

第 3 章の公式集

$$集合族の和集合 \quad \bigcup \mathcal{F} = \{x \mid \exists A \in \mathcal{F}\; x \in A\} \quad (1)$$

$$集合族の共通部分 \quad \bigcap \mathcal{F} = \{x \mid \forall A \in \mathcal{F}\; x \in A\} \quad (2)$$

$$集合族の分配法則 \quad A \cap \bigcup \mathcal{F} = \bigcup \{A \cap B \mid B \in \mathcal{F}\} \quad (3)$$

$$A \cup \bigcap \mathcal{F} = \bigcap \{A \cup B \mid B \in \mathcal{F}\} \quad (4)$$

$$集合族のドモルガンの法則 \quad \left(\bigcup \mathcal{F}\right)^c = \bigcap \{A^c \mid A \in \mathcal{F}\} \quad (5)$$

$$\left(\bigcap \mathcal{F}\right)^c = \bigcup \{A^c \mid A \in \mathcal{F}\} \quad (6)$$

$$Y \in 2^X \equiv Y \subset X \quad (7)$$

（べき集合 2^X を $P(X)$ とも書く．）

$$商集合 \quad X/R = \{[a]_R \mid a \in X\} \quad (8)$$

$$|A_1 \cup A_2 \cup A_3| = |A_1| + |A_2| + |A_3| \\ - |A_1 \cap A_2| - |A_1 \cap A_3| \\ - |A_2 \cap A_3| + |A_1 \cap A_2 \cap A_3| \tag{9}$$

濃度が等しい $X \sim Y$ $\equiv$ X から Y への全単射が存在する $\tag{10}$

$X \preceq Y$ $\equiv$ X から Y への単射が存在する $\tag{11}$

ベルンシュタインの定理 : $(A \preceq B \land B \preceq A) \to A \sim B$ $\tag{12}$

X が可算無限集合 $\equiv$ $X \sim \mathbb{N}$ $\tag{13}$

可算無限集合の例五つ : $\mathbb{N}, \mathbb{Z}, \mathbb{Q}, \mathbb{N}^2,$ 偶数全体の集合 $\tag{14}$

X が非可算無限集合 $\equiv$ X は無限集合だが可算無限集合ではない. $\tag{15}$

非可算無限集合の例七つ : $2^{\mathbb{N}}, \mathbb{R},$ 開区間 $(0,1),$ 閉区間 $[0,1],$ 0 と 1 以外の項をもたない数列全体の集合, 無理数全体の集合, カントル集合 $\tag{16}$

べき集合に関するカントルの定理 : X から 2^X への全射は存在しない. $\tag{17}$

◆ 第3章の章末問題

——— A ———

問題 3.1 集合 A_1 と A_2 は濃度が等しく，B_1 と B_2 は濃度が等しいとする．このとき以下を示せ．

(1) 直積 $A_1 \times B_1$ は $A_2 \times B_2$ と濃度が等しい．

(2) A_1 から B_1 への写像全体の集合と，A_2 から B_2 への写像全体の集合は濃度が等しい．

問題 3.2 $2^{\mathbb{N}} \times 2^{\mathbb{N}}$ は $2^{\mathbb{N}}$ と濃度が等しいことを示せ．ただし，2^X は X のべき集合を表す．

問題 3.3 $\mathbb{N}$ から $\mathbb{N}$ への関数全体からなる族を $\mathcal{F}$ とする．$\mathcal{F}$ の要素 f, g に対し「正の整数 a, b, c, d が存在して $\forall n \in \mathbb{N}\ f(n) \leq ag(n) + b \wedge \forall n \in \mathbb{N}\ g(n) \leq cf(n) + d$」となるとき，$f \sim g$ と書こう．このとき，$\sim$ は $\mathcal{F}$ 上の同値関係であることを示せ．

——— B ———

問題 3.4 A_1, A_2, A_3, A_4 が有限集合であるとする．このとき，以下が成り立つことを示せ．

$$|A_1 \cup A_2 \cup A_3 \cup A_4|$$
$$= |A_1| + |A_2| + |A_3| + |A_4|$$
$$- |A_1 \cap A_2| - |A_1 \cap A_3| - |A_2 \cap A_3| - |A_1 \cap A_4| - |A_2 \cap A_4| - |A_3 \cap A_4|$$
$$+ |A_1 \cap A_2 \cap A_3| + |A_1 \cap A_2 \cap A_4| + |A_1 \cap A_3 \cap A_4| + |A_2 \cap A_3 \cap A_4|$$
$$- |A_1 \cap A_2 \cap A_3 \cap A_4|$$

問題 3.5 f は集合 X から集合 Y への写像であるとする．このとき，集合 Z と全射 $g : X \to Z$ および単射 $h : Z \to Y$ が存在して $f = h \circ g$ が成り立つことを示せ．[ヒント $R = \{(x_1, x_2) \mid f(x_1) = f(x_2)\}$ とおき，R に関する商集合を Z とおく．]

問題 3.6 k は正の整数であるとする．整数 n, m に対し，$n - m$ が k の倍数であることを $n \equiv_k m$ と表そう（$n \equiv m \mod k$ と書くほうがふつうであるが，ここではこのように書こう）．商集合 $\mathbb{Z}/\equiv_k$ 上の3項関係 R を次のように定義する．$R = \{((A, B), C) \in (\mathbb{Z}/\equiv_k)^3 \mid \exists (a, b, c) \in A \times B \times C\ a + b = c\}$．このとき，$R$ は $(\mathbb{Z}/\equiv_k)^2$ から $\mathbb{Z}/\equiv_k$ への写像であることを示せ．

問題 3.7 $\mathbb{R} \times \mathbb{R}$ は $\mathbb{R}$ と濃度が等しいことを示せ．

——— C ———

問題 3.8 集合族 $\{\mathbb{N}^k \mid k \in \mathbb{N}\}$ の和集合を A で表そう．すなわち，$A = \bigcup\{\mathbb{N}^k \mid k \in \mathbb{N}\}$ とする．このとき，A は可算無限集合であることを示せ．ただし，$\mathbb{N}^1$ は $\mathbb{N}$ を表し，$\mathbb{N}^0$ は $\{\emptyset\}$ を表すものとする．

問題 3.9 有理数係数の代数方程式の解として表せる複素数を代数的数とよぶ．代数的数全

体の集合は可算無限集合であることを示せ．ただし，変数 x の代数方程式とは，x の n 次方程式 $a_n x^n + \ldots + a_1 x^1 + a_0 = 0$ として表せる方程式のことをいい（n は正の整数），このとき $a_n, \ldots, a_0$ を係数という．定数項 a_0 も係数の一つとして扱う．

問題 3.10 開区間 $(0, 1)$ から $\mathbb{R}$ への連続関数全体からなる族 $C(0, 1)$ は，$\mathbb{R}$ と濃度が等しいことを示せ．

第4章

整列集合

　自然数のみを要素とする空でない集合 B が与えられたとき，B には最小の要素がある．この命題は最小数の原理とよばれる（0.2.8 項）．最小数の原理は数学的帰納法の変種といってもよい．最小数の原理と似た性質をもつ全順序集合を考え，そのような全順序集合を表す概念として，整列集合を導入する．

---3～4階---
3, **4** 章

主な話題
- 整列集合の比較定理
- 整列可能定理・選択公理・ツォルンの補題

4.1 「小なり」型の順序関係

　不等号 <（小なり）の仲間について考察する．狭義の順序関係は，「狭義」がつかない順序関係の一種でないことに注意しよう．

■ **定義 4.1.1**　集合 X 上の 2 項関係 R が以下二つの法則をみたすとき，R を X 上の**狭義（の）順序関係**という（法則の番号は定義 2.3.1 に対応させている）．よりていねいに，X 上の**狭義（の）半順序関係**ということもある．

　(1′) 非反射律　　任意の $x \in X$ に対して，$\neg(xRx)$．
　(3) 推移律　　任意の $x, y, z \in X$ に対して，$xRy \wedge yRz \rightarrow xRz$．

■ **定義 4.1.2**　集合 X 上の狭義の順序関係 R が以下の法則もみたすとき，R を X 上の**狭義（の）全順序関係**という．**狭義（の）線形順序関係**ともいう．

　(4′) 三分律　　任意の $x, y \in X$ に対して，$xRy \vee x = y \vee yRx$．

☐ **例題 4.1.1**　$\leq_1$ は集合 X 上の順序関係であるとする．$x \leq_1 y \wedge x \neq y$ を $x <_1 y$ と表すことにより，X 上の 2 項関係 $<_1$ を定める．このとき，$<_1$ は X 上の狭義順序であることを示せ．

解　　$<_1$ が非反射律をみたすことの証明：$x <_1 y \to x \neq y$ が成り立つから，対偶をとって $x = y \to \neg(x <_1 y)$，よって $\neg(x <_1 x)$ が成り立つ．

$<_1$ が推移律をみたすことの証明：$x <_1 y \land y <_1 z$ が成り立つとする．このとき，$x \leq_1 y \land x \neq y$ と $y \leq_1 z \land y \neq z$ が成り立つ．$x \leq_1 y$ と $y \leq_1 z$，および $\leq_1$ の推移律により，$x \leq_1 z$ が成り立つ．

推移律の証明を続けよう．$\leq_1$ の反対称律 $x \leq_1 y \land y \leq_1 x \to x = y$ の対偶が成り立つが，ド モルガンの法則により，それは $x \neq y \to \neg(x \leq_1 y) \lor \neg(y \leq_1 x)$ と同値である．ここで，$x \neq y$ を用いると $\neg(x \leq_1 y) \lor \neg(y \leq_1 x)$ を得るが，さらに $x \leq_1 y$ を用いると $\neg(y \leq_1 x)$ を得る．しかるに $y \leq_1 z$ であるから，$x \neq z$ でなければならない．これと，すでに示した $x \leq_1 z$ により，$x <_1 z$ を得る．以上をまとめると，$x <_1 y \land y <_1 z \to x <_1 z$ となる．（＊別解参照）

以上で非反射律と推移律を示せたから，$<_1$ は X 上の狭義順序である．

別解　　$<_1$ が推移律をみたすことの証明：$x \leq_1 z$ が成り立つことを示すところまでは上と同じ．$x \neq z$ を示す段落（＊）は次のようにも書ける．

背理法の仮定として $x = z$ とすると，$x \leq_1 y \land y \leq_1 z = x$ となるので，$\leq_1$ の反対称律により $x = y$．これは $x \neq y$ に矛盾．よって $x \neq z$．

例題 4.1.1 の別解は厳密には背理法でなく，否定の導入である．場合分けをしたとき，あり得ない場合が混じることがある．否定の導入には，あり得ない場合を消去するという大切な役割がある．

☐ 例題 4.1.2　R は集合 X 上の狭義順序であるとする．このとき以下を示せ．「X の任意の要素 x, y に対し，$xRy \to \neg(yRx)$」

解　　R の推移律により $xRy \land yRx \to xRx$ が成り立つ．その対偶は，ド モルガンの法則により $\neg(xRx) \to \neg(xRy) \lor \neg(yRx)$ と同値である．ところが，R の反対称律により $\neg(xRx)$ が成り立つから，$\neg(xRy) \lor \neg(yRx)$ が成り立つ．命題論理の「ならば」の性質により，最後の命題は $xRy \to \neg(yRx)$ と同値である．

別解　　背理法の仮定として上記命題が成り立たないとすると，反例 x, y があって，$xRy \land yRx$ となる．R の推移律により xRx となるが，R の反対称律に矛盾する．

上記別解は，示したい任意命題をいったん否定し，存在命題を作って突破口（上の例では x, y）を見いだすという流れになっている．背理法による基本的な手筋の一つである．

☐ 例題 4.1.3　$<_2$ は集合 X 上の狭義順序であるとする．$x <_2 y \lor x = y$ を $x \leq_2 y$

と表すことにより，X 上の 2 項関係 $\leq_2$ を定める．このとき，$\leq_2$ は X 上の順序関係であることを示せ．

解 $\leq_2$ が反射律をみたすことの証明：$x <_2 x \lor x = x$ が成り立つから $x \leq_2 x$ が成り立つ．

$\leq_2$ が反対称律をみたすことの証明：$x \leq_2 y \land y \leq_2 x$ であるとする．このとき，$x <_2 y \lor x = y$ と $y <_2 x \lor y = x$ がともに成り立つ．例題 4.1.2 により，$x <_2 y$ と $y <_2 x$ の少なくとも一方は偽だから，$x = y$ でなければならない．以上により，$x \leq_2 y \land y \leq_2 x \to x = y$ が示された．

$\leq_2$ が推移律をみたすことの証明：$x \leq_2 y \land y \leq_2 z$ であるとする．このとき (a)「$x <_2 y \lor x = y$」, (b)「$y <_2 z \lor y = z$」がともに成り立つ．場合 1：$x = y \lor y = z$ のとき．$x = y$ のとき $y \leq_2 z$ よりただちに $x \leq_2 z$ を得る．$y = z$ のとき $x \leq_2 y$ よりただちに $x \leq_2 z$ を得る．場合 2：それ以外のとき．$x \neq y$ と (a) より $x <_2 y$．また，$y \neq z$ と (b) より $y <_2 z$．これらと $<_2$ の推移律により $x <_2 z$．よって，$x \leq_2 z$．以上により，$x \leq_2 y \land y \leq_2 z \to x \leq_2 z$ が示された．

以上で反射律，対称律，推移律が示されたから，$\leq_2$ は X 上の順序関係である．

狭義の順序関係 $<_R$ に対して極大元を考えたいときは，例題 4.1.3 のように $<_R$ から順序関係 $\leq_R$ を作り，$\leq_R$ に関する極大元を考える．

4.2 順序集合と同型写像

4.2.1 同型であることの証明方法

■**定義 4.2.1** R が集合 X 上の順序関係であるとき，順序対 (X, R) を**順序集合**という．文脈から R が明らかであるときは，(X, R) と書くべきところを単に X と書くこともある．また，とくに R が集合 X 上の全順序関係であるとき，(X, R) を**全順序集合**という．狭義の順序集合，狭義の全順序集合も同様に定める．順序集合 (X, R) において，X を**ユニバース**といったり**全体集合**といったりする．

■**定義 4.2.2** $(X, \leq_X)$ と $(Y, \leq_Y)$ がともに順序集合であるとする．f が X から Y への全単射であり，なおかつ以下の条件をみたすとき，f を $(X, \leq_X)$ から $(Y, \leq_Y)$ への**順序同型写像**という．順序同型，あるいは**同型**ということもある．

$$\forall x_1, x_2 \in X\ (x_1 \leq_X x_2 \leftrightarrow f(x_1) \leq_Y f(x_2))$$

また，$(X, \leq_X)$ から $(Y, \leq_Y)$ への順序同型写像が存在するとき，$(X, \leq_X)$ は $(Y, \leq_Y)$

と**順序同型**であるという．略して**同型**ということもある．

二つの順序集合が同型であるという関係は同値関係になる．証明は例題 3.2.2 と同様である．ただし，ここで同値関係の全体集合に相当するのは，すべての順序集合からなるクラスである．

一般に，順序集合 $(X, \leq_X)$ が $(Y, \leq_Y)$ と順序同型であることを示すには，$(X, \leq_X)$ から $(Y, \leq_Y)$ への順序同型写像を一つ示せばよい．

☐ **例 4.2.1** $\mathbb{N}$ から負でない偶数全体の集合（E とする）への全単射 $n \mapsto 2n$ は，$(\mathbb{N}, \leq)$ から $(E, \leq)$ への順序同型写像である．したがって，$(\mathbb{N}, \leq)$ は $(E, \leq)$ と順序同型である．

☐ **例 4.2.2** $\mathbb{N}$ 上の順序関係は，ふつうの大小関係以外にもいろいろある．たとえば，$m = 0 \lor (n \neq 0 \land m \neq 0 \land n \leq m)$ を $n \leq_0 m$ と表すと，$\leq_0$ は $\mathbb{N}$ 上の順序関係であり，$(\mathbb{N}, \leq_0)$ は順序集合である．$n \leq_0 m \land n \neq m$ を $n <_0 m$ と書くと，以下が成り立つ．$1 <_0 2 <_0 3 <_0 \cdots <_0 0$.

単に「順序集合 $\mathbb{N}$」という場合，とくに断りがなければ自然数のふつうの大小関係 $\leq$ を考え，順序集合 $(\mathbb{N}, \leq)$ のことを指す．

4.2.2 同型でないことの証明方法

本項を通じて，$(X, \leq_X)$ と $(Y, \leq_Y)$ は順序集合であるとする．写像 $f : X \to Y$ が順序集合 $(X, \leq_X)$ から $(Y, \leq_Y)$ への順序同型写像でないことを示すには，命題 $x_1 \leq_X x_2 \Leftrightarrow f(x_1) \leq_Y f(x_2)$ の反例をあげればよい．$x_1 \leq_X x_2$ と $f(x_1) \leq_Y f(x_2)$ の一方が成り立ち，他方が成り立たないような x_1, x_2 が反例である．

☐ **例 4.2.3** 例 3.2.3 においては，$\mathbb{N}$ から正の有理数全体 $\mathbb{Q}_+$ への全単射 $n \mapsto q'_n$ を考察した．$n = 0$ から $n = 8$ まで順番に q'_n を計算すると，$1, 1/2, 2, 1/3, 3, 1/4, 2/3, 3/2, 4$ となる．$0 \leq 1$ であるが $q'_0 = 1 > 1/2 = q'_1$ なので，$n < m$ と $q'_n < q'_m$ は同値でない．よって，この写像は $\mathbb{N}$ から $\mathbb{Q}_+$ への順序同型写像ではない．

さて，命題 p：「$(X, \leq_X)$ は $(Y, \leq_Y)$ と順序同型でない」は，「いかなる写像 $f : X \to Y$ も $(X, \leq_X)$ から $(Y, \leq_Y)$ への順序同型写像でない」という意味だから，特定の写像 f が $(X, \leq_X)$ から $(Y, \leq_Y)$ への順序同型写像でないことを示しただけでは p を証明したことにはならない．そこで，順序同型によって失われない性質に着目しよう．

□ **例題 4.2.1** $f: X \to Y$ は $(X, \leq_X)$ から $(Y, \leq_Y)$ への順序同型写像であるとする．a が X の最小元であるとする．このとき，$f(a)$ は Y の最小元であることを示せ．

解 Y の要素 y が与えられたとする．f は順序同型写像だから全射であり，したがって $f(x) = y$ となる $x \in X$ が存在する．a が X の最小元だから $a \leq_X x$ が成り立つ．f が順序同型写像だから $f(a) \leq_Y f(x) = y$ が成り立つ．以上により，$\forall y \in Y \; f(a) \leq_Y y$ が示された．よって，$f(a)$ は Y の最小元である．

◆**問 4.2.1** $f: X \to Y$ は $(X, \leq_X)$ から $(Y, \leq_Y)$ への順序同型写像であるとする．a が X の最大元であるとする．このとき，$f(a)$ は Y の最大元であることを示せ．

□ **例題 4.2.2** $\mathbb{N}$ は $\mathbb{Z}$ と順序同型でないことを示せ．どちらもふつうの大小関係 $\leq$ を考える．

解 $f: \mathbb{N} \to \mathbb{Z}$ が与えられたとしよう．0 は $\mathbb{N}$ の最小元である．ところが，$\mathbb{Z}$ において $f(0) \leq f(0) - 1$ が成り立たないから，$f(0)$ は $\mathbb{Z}$ における最小元ではない．よって，f は最小元を最小元に写さない．

ところで，例題 4.2.1 により，「f が順序同型写像ならば，f は最小元を最小元に写す」が成り立つ．よって，その対偶「f が最小元を最小元に写さないならば，f は順序同型写像でない」が成り立つ．ゆえに f は順序同型写像ではない．以上により，どのような $f: \mathbb{N} \to \mathbb{Z}$ も順序同型写像でないことがわかったから，$\mathbb{N}$ は $\mathbb{Z}$ と順序同型ではない．

□ **例題 4.2.3** $f: X \to Y$ は $(X, \leq_X)$ から $(Y, \leq_Y)$ への順序同型写像であるとする．このとき，以下が成り立つことを示せ．

$$\forall x_1, x_2 \in X \; (x_1 <_X x_2 \leftrightarrow f(x_1) <_Y f(x_2))$$

ただし，$x_1 <_X x_2$ とは $x_1 \leq_X x_2 \wedge x_1 \neq x_2$ を表す．$<_Y$ も同様に定める．

解 $x_1 <_X x_2$ は $x_1 \leq_X x_2 \wedge x_1 \neq x_2$ と同値である．f が順序同型写像であることから，$x_1 \leq_X x_2$ と $f(x_1) \leq_Y f(x_2)$ は同値である．また，f が単射であることから，$x_1 \neq x_2$ と $f(x_1) \neq f(x_2)$ は同値である．以上により，$x_1 <_X x_2$ は $f(x_1) \leq_Y f(x_2) \wedge f(x_1) \neq f(x_2)$ と同値であるが，これは $f(x_1) <_Y f(x_2)$ と同値である．

以下では例題 4.2.3 の結果を断りなく用いることにする．

■ **定義 4.2.3** 狭義順序集合 $(X, <_X)$ において，$x_1 <_X x_2$ となる任意の $x_1, x_2 \in X$

に対して $\exists c \in X\ x_1 <_X c <_X x_2$ となるとき，$(X, <_X)$ は**稠密**（ちゅうみつ）であるという．

小なりイコール型の順序集合 $(X, \leq_X)$ が稠密であるとは，狭義順序集合 $(X, <_X)$ が稠密であることと定める．ただし，これまでのとおり「$a \leq_X b \land a \neq b$」によって $a <_X b$ を定めるものとする．

□ **例題 4.2.4** $f: X \to Y$ は $(X, \leq_X)$ から $(Y, \leq_Y)$ への順序同型写像であり，$(X, \leq_X X)$ は稠密であるとする．このとき，$(Y, \leq_Y)$ も稠密であることを示せ．

解 Y の要素 y_1, y_2 が与えられ，$y_1 <_Y y_2$ が成り立つとする．f は順序同型写像だから全射であり，したがって $f(x_1) = y_1, f(x_2) = y_2$ となる $x_1, x_2 \in X$ が存在する．X が稠密だから $x_1 <_X a <_X x_2$ となる $a \in X$ が存在する．f が順序同型写像だから $y_1 = f(x_1) <_X f(a) <_X f(x_2) = y_2$ が成り立つ．以上により，$y_1 <_Y y_2 \Rightarrow \exists b \in Y\ y_1 <_Y b <_Y y_2$ が示された．よって，Y は稠密である．

□ **例題 4.2.5** $\mathbb{Q}$ は $\mathbb{N}$ と順序同型でないことを示せ．また，$\mathbb{Q}$ は $\mathbb{Z}$ とも順序同型でないことを示せ．順序関係としてはいずれもふつうの大小関係 $\leq$ を考える．

略解 $\mathbb{Q}$ は稠密な集合である．よって，例題 4.2.4 により，「$(Y, \leq_Y)$ が $(\mathbb{Q}, \leq)$ と順序同型ならば，$(Y, \leq_Y)$ は稠密である」が成り立つ．よって，その対偶「$(Y, \leq_Y)$ が稠密でないならば，$(\mathbb{Q}, \leq)$ は $(Y, \leq_Y)$ と順序同型でない」が成り立つ．ところが $\mathbb{N}$ は稠密でないから，$\mathbb{Q}$ は $\mathbb{N}$ と順序同型でない．同様にして，$\mathbb{Q}$ は $\mathbb{Z}$ と順序同型でない．

◆**問 4.2.2** 0 以上の有理数全体の集合を $\mathbb{Q}_{\geq 0}$ と書こう．$\mathbb{Q}_{\geq 0}$ は $\mathbb{Q}$ と順序同型でないことを示せ．順序関係としてはふつうの大小関係 $\leq$ を考える．

4.2.3 対偶の運用方法

例題 4.2.2 の解答の中で次のように論じた．例題 4.2.1 により，命題 p：「f が順序同型写像ならば，f は最小元を最小元に写す」が成り立つ．ゆえに p の対偶「f が最小元を最小元に写さないならば，f は順序同型写像でない」が成り立つ．

ところで，例題 4.2.1 で示した主張は次のようなものであった．命題 q：「$f: X \to Y$ は $(X, \leq_X)$ から $(Y, \leq_Y)$ への順序同型写像であるとする．a が X の最小元であるとする．このとき，$f(a)$ は Y の最小元である」．

命題 q と命題 p が同値であるのは容易にわかるが，見た目が違っていることに気づいただろうか．ここで暗黙のうちに用いた技法を意識してもらおう．そこで，命題 q_1,

q_2, q_3 を次のように定める.

q_1:「$f: X \to Y$ は $(X, \leq_X)$ から $(Y, \leq_Y)$ への順序同型写像である」

q_2:「a は X の最小元である」

q_3:「$f(a)$ は Y の最小元である.」

すると, q は $q_1 \wedge q_2 \to q_3$ という形をしている. だから愚直に q の対偶をとると, $\neg q_3 \to \neg(q_1 \wedge q_2)$ となる.

一方, p は $q_1 \to (q_2 \to q_3)$ という形をしており, p の対偶は $\neg(q_2 \to q_3) \to \neg q_1$ であり, 例題 4.2.2 の解答中で用いたのはこちらである. p の対偶である上記の命題も, ふつう「q の対偶」とよばれる.

つまり, 命題の対偶は, その命題の形に依存する. 与えられた命題と同値であって $p_1 \to p_2$ という形の命題はたくさんある. そのたくさんある中から, 対偶を使いやすそうなものを狙って選ぼう. これが, 証明の中で対偶を用いるときの基本的な手筋である.

☐ **例 4.2.4** 命題 q:「$q_1 \wedge q_2 \to q_3$」と同値な命題の例としては, p:「$q_1 \to (q_2 \to q_3)$」のほかに, たとえば $q_2 \to (q_1 \to q_3)$ がある.

◆**問 4.2.3** 上記の命題 q と p が同値であることを証明せよ.

4.3 整列集合

最小数の原理と似た性質をもつ全順序集合として, 整列集合を導入し, 整列可能定理を紹介する. 整列可能定理およびその同値命題は, 代数学, 位相空間論, 解析学など数学のさまざまな分野で存在定理を導くのに用いられる. 本節では難解な証明を割愛し, 参考文献を示すにとどめる.

4.3.1 整列集合

■ **定義 4.3.1** $(X, \leq_X)$ を全順序集合とする. X の空でない部分集合が必ず $\leq_X$ に関する最小元をもつとき, $(X, \leq_X)$ を**整列集合**, あるいは**整列順序集合**という. また, $\leq_X$ を X 上の**整列順序**という.

「X の空でない部分集合が必ず $\leq_X$ に関する最小元をもつ」という部分をよりていねいに書くと, 以下のようになる.「$\forall S\,(S \subset X \wedge S \neq \emptyset \to S$ は $\leq_X$ に関する最小元をもつ. $)$」任意記号がついている文字 S は X の要素ではなく, X の部分集合を表

していることに注意しよう．

このほか，技術的な補足をいくつか述べておく．半順序集合 X が「空でない部分集合は必ず最小元をもつ」という性質をもつとき，X の二つの要素からなる集合 $\{x, y\}$ は必ず最小元をもつから，X は全順序集合である．したがって，定義 4.3.1 の「全順序集合」を「半順序集合」で置き換えても，定義の意味は変わらない．

上記では小なりイコール型の順序について整列集合を定義したが，小なり型の順序（狭義の順序）について整列集合を定義することも多い．その場合は，例題 4.1.3 に従って，与えられた小なり型の順序 $<_2$ から小なりイコール型の順序 $\leq_2$ を定義し，「$<_2$ が整列順序である」とは，「$\leq_2$ が整列順序である」ことと定義する．以降，小なり型の順序についてはこのように考えることにする．

☐ **例 4.3.1** 整列集合の例．

(1) 正の整数 n が与えられたとき，n 未満の自然数全体の集合とふつうの大小関係を順序対にしたものは整列集合である．

(2) 自然数全体の集合 $\mathbb{N}$ とふつうの大小関係を順序対にしたものは整列集合である（最小数の原理）．

(3) $\mathbb{N}$ に新しい要素 ω を付け加え，ω がどのような自然数よりも大きくなるように（$n \in \mathbb{N} \Rightarrow n < \omega$），大小関係を拡張する．表現の簡略化のため，拡張した大小関係も $<$ で表そう．このとき，$(\mathbb{N} \cup \{\omega\}, <)$ は整列集合である．証明：空でない部分集合 A が与えられたとする．$B = A \cap \mathbb{N}$ が空でないとき，B の最小元が A の最小元である．そうでないときは $A = \{\omega\}$ だから，ω が A の最小元である．

(4) 上記の集合に新しい要素 $\omega + 1$ を付け加え，$\omega + 1$ が $\mathbb{N} \cup \{\omega\}$ のどの要素よりも大きくなるように，大小関係を拡張する．表現の簡略化のため，拡張した大小関係も $<$ で表そう．このとき，$(\mathbb{N} \cup \{\omega, \omega + 1\}, <)$ は整列集合である．証明は上記と同様である．

(5) 上記と同様にして $\mathbb{N} \cup \{\omega, \omega + 1, \omega + 2, \omega + 3, \dots\}$ を作って大小関係を拡張すると，やはり整列集合ができる．

☐ **例 4.3.2** 整列集合でないものの例．

(1) 整数全体の集合 $\mathbb{Z}$ とふつうの大小関係を順序対にしたものは整列集合でない．証明：$\mathbb{Z}$ は $\mathbb{Z}$ の空でない部分集合であるが，最小元をもたない．

(2) 有理数全体の集合 $\mathbb{Q}$ とふつうの大小関係を順序対にしたものは整列集合でない．

(3) 実数全体の集合 $\mathbb{R}$ とふつうの大小関係を順序対にしたものは整列集合でない．

整列集合については，次の面白い性質が成り立つ．なお，整列集合 $(A, \leq_A)$ と部分集合 $S \subset A$ が与えられたとき，A の順序を S に制限したものを $(S, \leq_A)$ と書くことにする．厳密に書けば $(S, \leq_A \cap S^2)$ であるが，煩雑なので上記のように略記する．

定理 4.3.1（整列集合の比較定理） $(A, \leq_A), (B, \leq_B)$ はともに整列集合であるとする．このとき，以下三つの場合のうち一つ，しかも一つだけが成り立つ．

場合 1：$(A, \leq_A)$ と $(B, \leq_B)$ は順序同型である．

場合 2：ある $a \in A$ があって，$(\{x \in A \mid x <_A a\}, \leq_A)$ と $(B, \leq_B)$ は順序同型である．

場合 3：ある $b \in B$ があって，$(A, \leq_A)$ と $(\{x \in B \mid x <_B b\}, \leq_B)$ は順序同型である．

証明は省略する．巻末参考文献の渕野 [7]，キューネン [4, 第 1 章]，あるいは齋藤 [5, 付録] を参照してほしい．

4.3.2 順序型

整列集合 $(A, \leq_A)$ を，略して A と書くことにする．整列集合 A, B に対して定理 4.3.1 の場合 3 が成り立つことを，この場限りの記法として $A \triangleleft B$ と書こう．すると，定理 4.3.1 により，一般に整列集合 A, B, C に対して以下が成り立つ．ここで，$\simeq$ は順序同型を表す．

- $\neg(A \triangleleft A)$
- $A \triangleleft B \wedge B \triangleleft C \to A \triangleleft C$
- $A \triangleleft B \vee A \simeq B \vee B \triangleleft A$

上記の三条件は，狭義全順序がみたすべき性質とよく似ている．したがっておおらかにいえば，互いに順序同型な整列集合を同一視すると，整列集合全体が $\triangleleft$ によって一列に並べられているのである．このおおらかな考えは，時代とともに少しずつ精密化されてきた．

カントル（1895, 1897）は，与えられた集合の各要素のもつ個々の性格とこれら要素のおかれている順序関係を捨象した概念として，**基数**を考えた．これを**濃度**ともいう．また，彼は順序集合からその要素の具体性を捨象した概念として**順序型**を考えた．カントル（1895, 1897）の方式による**順序数**とは，整列集合の順序型のことである．

ホワイトヘッドとラッセルは大著『プリンキピア・マテマティカ』（初版 1910, 第

2版1925) の中で，論理学に基づいて数学を厳密に再構成することを試みた．プリンキピア・マテマティカの方式による順序数とは，互いに順序同型な整列集合を同値とみなした場合における同値類のことである．たとえば，順序数としての1とは，要素をちょうど一つもつ整列集合全体のクラスである[*1]．同様に，プリンキピア・マテマティカの方式による基数とは，「濃度が等しい（全単射がある）」という関係にある集合を同値とみなした場合の同値類のことである．たとえば，基数としての2とは，要素をちょうど二つもつ集合全体のクラスである．

プリンキピア・マテマティカの方式による順序数と基数の導入方法は一応，意味の明瞭さと厳密性を兼ね備えているが，巨大なクラスの概念を大盤振る舞いしている点で，あまり要領がよいとはいえない．その後，フォン ノイマン (1923) がエレガントな方法で順序数と基数を定義した．現代の数理論理学や公理的集合論では，フォン ノイマンの方式によって順序数と基数を定義することが多い．この点には第5章でもう一度ふれる．ここでは厳密な定義抜きに，フォン ノイマンの順序数の例をあげる．

◻ 例 4.3.3　順序数の例．

(1) 個々の自然数 n は順序数である．
(2) 自然数全体の集合 $\mathbb{N}$ は順序数である．順序数としての $\mathbb{N}$ を ω と書く．
(3) $\omega \cup \{\omega\}$ は順序数である．これを $\omega + 1$ と書く．
(4) $(\omega + 1) \cup \{\omega + 1\}$ は順序数である．これを $\omega + 2$ と書く．
(5) 上記と同様にして $\omega, \omega+1, \omega+2, \omega+3, \ldots$ を定める．このとき，$\omega \cup \{\omega, \omega+1, \omega+2, \omega+3, \ldots\}$ は順序数である．これを $\omega + \omega$，もしくは $\omega \cdot 2$ と書く．

4.3.3　整列可能定理

カントルは，どのような集合の上にも整列順序が存在すると確信していたが，証明することはできなかった．現在では，以下の結果が知られている．

◼ 定理 4.3.2　以下は同値である．

(1) どのような集合 X に対しても，X 上の整列順序が存在する．
(2) どのような集合族 $\mathcal{A}$ に対しても，次のような関数 f が存在する．f の定義域は $\mathcal{A}$ であり，かつ，$\forall A \in \mathcal{A} - \{\emptyset\} \; f(A) \in A$

[*1] この説明は悪循環にみえるかもしれないが，引用者が話を端折っているためである．実際のプリンキピア・マテマティカでは悪循環を避けるため，まわりくどい議論をしている．

(3) $(P, \leq_P)$ を空でない順序集合とする．P の空でない全順序部分集合がいずれも $(P, \leq_P)$ において上界をもつならば，$(P, \leq_P)$ は極大元をもつ．

証明は省略する．巻末参考文献の渕野 [7]，あるいは齋藤 [5, 付録] を参照してほしい．上記定理における主張 (1) を**（ツェルメロの）整列可能定理（整列定理）**という．(2) を**選択公理**（the axiom of choice，略称 AC）という．(3) はクラトウスキの結果をツォルンが再発見したものであり，**ツォルンの補題**とよばれることが多い．

とくに断りのない限り，現代の数学では選択公理を使ってよいことになっている．したがって，同値な他の二つも使ってよい．とくにツォルンの補題は，代数学，位相空間論，解析学など数学のさまざまな分野で存在定理を導くのに用いられる．

第 4 章の公式集

2 項関係が狭義の順序関係になる条件 $\equiv$	非反射律，推移律	(1)
非反射律 $\equiv$	$\neg xRx$	(2)
狭義の順序が狭義の全順序になる条件 $\equiv$	三分律	(3)
三分律 $\equiv$	$xRy \lor x = y \lor yRx$	(4)
f は $(X, \leq_X)$ から $(Y, \leq_Y)$ への順序同型写像 $\equiv$	f は X から Y への全単射であり，$x_1 \leq_X x_2 \Leftrightarrow f(x_1) \leq_Y f(x_2)$	(5)
$(X, \leq_X)$ が稠密 $\equiv$	$\forall x_1, x_2 \in X \ (x_1 <_X x_2 \to \exists c \in X \ x_1 <_X c <_X x_2)$	(6)

◆ 第 4 章の章末問題

――― A ―――

問題 4.1 X は $\mathbb{N}$ の部分集合であるとする．このとき，X 上の整列順序が存在することを示せ．ただし，整列可能定理・選択公理・ツォルンの補題はいずれも使わずに示すこと．

――― B ―――

問題 4.2 $\leq_1$ は集合 X 上の全順序関係であるとする．$x \leq_1 y \wedge x \neq y$ を $x <_1 y$ と表すことにより，X 上の 2 項関係 $<_1$ を定める．このとき，$<_1$ は X 上の狭義の全順序関係であることを示せ．

問題 4.3 $<_2$ は集合 X 上の狭義の全順序関係であるとする．$x <_2 y \vee x = y$ を $x \leq_2 y$ と表すことにより，X 上の 2 項関係 $\leq_2$ を定める．このとき，$\leq_2$ は X 上の全順序関係であることを示せ．

――― C ―――

問題 4.4 集合族 $\mathcal{A}$ は空でなく，$\mathcal{A}$ の要素はすべて $\mathbb{N}$ の部分集合であるとする．このとき，次のような関数 f が存在することを示せ．f の定義域は $\mathcal{A}$ であり，任意の $A \in \mathcal{A} - \{\emptyset\}$ に対して $f(A) \in A$ が成り立つ．ただし，整列可能定理・選択公理・ツォルンの補題はいずれも使わずに示すこと．

第5章 集合による数学概念の表現

公理的集合論においては，集合だけからなる世界を考え，集合についての言葉の使い方を規則として厳格に定める．本章では公理的集合論の門前まで行き，中には入らずお開きにする．

第2章までは集合と要素からなる2階建ての世界を想定し，第3章では世界観を変え，必要に応じて3階や4階を増築できると考えた．本章ではいまひとたび世界観を変え，高層のタワーマンションのような世界を想定する．この世界では，集合を材料にして，数などの数学的対象をシミュレーションできる．プログラミングに似た楽しさを感じてもらいたい．

主な話題
- フォン ノイマンの自然数
- 有理数の再構成

5.1 クラトウスキの順序対

5.1.1 集合族の考え方 再論

いままで集合の世界を集合住宅にたとえてきた．本章ではもう一度，建て直しを行う．基本方針は，以下の2点である．

- 集合でない要素たちは，全員退去させる．
- n 階以下の住人だけを要素とする集合であって，まだ入居していないものをみな $n+1$ 階に入居させる．

図 5.1.1 のように，まず，誰も住まない 0 階を作る．それでは集合住宅全体が廃墟になってしまうのだろうか．そんなことはない．まず，1 階には空集合だけが住む．2 階には $\{\emptyset\}$ が住む．3 階には $\{\{\emptyset\}\}$ と $\{\emptyset, \{\emptyset\}\}$ が住む．

屋上	プロパークラスたち
	…
$\omega+2$ 階	$…, 2^{\mathbb{N}}, …$
$\omega+1$ 階	$…, \mathbb{N}, …$
	…
4 階	$\{\{\{\emptyset\}\}\}, \{\{\emptyset,\{\emptyset\}\}\}, \{\emptyset,\{\{\emptyset\}\}\}, \{\emptyset,\{\emptyset,\{\emptyset\}\}\},$ $\{\{\emptyset\},\{\{\emptyset\}\}\}, \{\{\emptyset\},\{\emptyset,\{\emptyset\}\}\}, \{\{\{\emptyset\}\},\{\emptyset,\{\emptyset\}\}\}, \{\emptyset,\{\emptyset\},\{\{\emptyset\}\}\},$ $\{\emptyset,\{\emptyset\},\{\emptyset,\{\emptyset\}\}\}, \{\emptyset,\{\{\emptyset\}\},\{\emptyset,\{\emptyset\}\}\}, \{\{\emptyset\},\{\{\emptyset\}\},\{\emptyset,\{\emptyset\}\}\},$ $\{\emptyset,\{\emptyset\},\{\{\emptyset\}\},\{\emptyset,\{\emptyset\}\}\}$
3 階	$\{\{\emptyset\}\}, \quad \{\emptyset,\{\emptyset\}\}$
2 階	$\{\emptyset\}$
1 階	$\emptyset$
0 階	

図 5.1.1 改築後のタワーマンション

こうして集合だけの世界を得る．では，数や順序対などを扱いたいときはどうするのか．集合を材料にしてこれらの代替物を定義するのである．たとえば自然数も，集合の一種として再構成する．

改築後のタワーマンションには眺望のよい高層階もある．たとえば，自然数全体の集合 $\mathbb{N}$ は $\omega+1$（オメガ プラス 1）階というところに住む．べき集合 $2^{\mathbb{N}}$ は $\omega+2$ 階に住む．高層階のさらに上に屋上がある．

1.1.1 項を思い出そう．条件を，それをみたすものの集まりとしてとらえたものをクラスといい，クラスのうち，他のクラスの要素として扱っても差し支えないものを集合とよんだ．初心者が思いつくクラスはたいてい集合であるから，当面，クラスと集

合の区別を気にしなくてよいとした．ところがまれな例外として，集合ではないクラスもある．それらを**プロパークラス**（真のクラス）という．たとえば，すべての集合の集まりはプロパークラスである．おおまかにいって，巨大すぎて扱いに困るような集まりがプロパークラスだと思えばよい．プロパークラスたちは，われわれの概念的な集合住宅の屋上にいる．

COLUMN　順序数と累積階層

このタワーマンションのような概念を，たとえ話なしに説明すると次のようになる．まず $V_0 = \emptyset$ と定める．次に $V_{n+1} = P(V_n)$，すなわち V_n のべき集合と定める．こうして $V_0, V_1, V_2, \ldots, V_n, \ldots$ を得る．さらにこれら全体の和集合を V_ω とし，$V_{\omega+1} = P(V_\omega)$ とする．以下，$V_{\omega+2} = P(V_{\omega+1})$，$V_{\omega+3} = P(V_{\omega+2})$，…と続けていき，$V_\omega, V_{\omega+1}, V_{\omega+2}, \ldots, V_{\omega+n}, \ldots$ を得る．さらにこれら全体の和集合を $V_{\omega\cdot 2}$ とし，$V_{\omega\cdot 2+1} = P(V_{\omega\cdot 2})$ とする．このように考えていくことで，次々に大きな V_α を作ることができる．この添え字に現れる数のようなもの α を**順序数**（4.3.2 項）といい，V_α たちをひとまとめにして**累積階層**という．順序数と累積階層の厳密な取り扱いは公理的集合論の下で行うことが望ましく，それは本書の範囲を超える．

5.1.2　順序対の再構成

第 2 章までの立場では，数学的対象 a, b が与えられたとき，それらの順序対 (a, b) は当然存在するものとしている．高等学校で数ベクトルを扱うときもこのような立場をとる．こうした考え方はとくに間違っていないが，集合を用いて順序対を定義し直すことができる．2.1.1 項において，順序対について以下のように約束した．

(∗)　$(a, b) = (c, d)$ となるための必要十分条件は $a = c \wedge b = d$．

本項での作戦概要は次のとおりである．まず，集合 a, b から集合 $f(a, b)$ を定める操作 f をうまく定義して，以下が成り立つようにする．

$$\forall a\ \forall b\ \forall c\ \forall d\ \bigl(f(a, b) = f(c, d)\ \leftrightarrow\ a = c \wedge b = d\bigr) \tag{5.1.1}$$

そして建前上は，2.1.1 項の順序対 (a, b) について知らないふりをして，「順序対とは $f(a, b)$ のことである」と，定義を最初からやり直す．すると，関係や写像について，順序対を用いていままで行ってきた議論をとくに支障なく再構成できる．

□ **例題 5.1.1** $\{\{a\},\{a,b\}\}$ を $f_1(a,b)$ と表すとき，式 (5.1.1)（の f を f_1 に置き換えた式）が成り立つことを示せ．

考え方 $x \in \{y\}$ が成り立つための必要十分条件は $x = y$ である．また，$x \in \{y,z\}$ が成り立つための必要十分条件は $x = y \lor x = z$ である．

解 $f_1(a,b) = f_1(c,d)$ が成り立つとする．このとき $\{\{a\},\{a,b\}\} = \{\{c\},\{c,d\}\}$ だから，$a = \bigcap\{\{a\},\{a,b\}\} = \bigcap\{\{c\},\{c,d\}\} = c$．つまり $a = c$ である．

また，$a = c$ により $\{\{a\},\{a,b\}\} = \{\{c\},\{c,d\}\} = \{\{a\},\{a,d\}\}$ となる．

場合 1：$a = b$ の場合．$\{a\} = \{a,a\} = \{a,b\}$ である．よって，$\{\{a\}\} = \{\{a\},\{a\}\} = \{\{a\},\{a,b\}\} = \{\{a\},\{a,d\}\}$．したがって，$\{a,d\} \in \{\{a\}\}$．よって $\{a,d\} = \{a\}$．すると，$d \in \{a\}$ となるから，$d = a$ である．以上により，$a = b = c = d$ である．したがって，もちろん $a = c \land b = d$ が成り立つ．

場合 2：$a \neq b$ の場合．$\{a,b\} \in \{\{a\},\{a,b\}\} = \{\{a\},\{a,d\}\}$．つまり，$\{a,b\} \in \{\{a\},\{a,d\}\}$ である．ところが，$\{a,b\} \neq \{a\}$ なので $\{a,b\} = \{a,d\}$．よって，$b \in \{a,d\}$ となる．ここで，$b \neq a$ だから $b = d$．よって，$a = c \land b = d$ である．

以上により，式 (5.1.1)（の f を f_1 に置き換えた式）が成り立つ．

■ **定義 5.1.1** 与えられた集合 a,b に対し，$\{\{a\},\{a,b\}\}$ を a,b の**クラトウスキ（の）順序対**という．これを本書では $\langle a,b \rangle$ で表す．混乱のおそれがなければ単に順序対とよぶ．

「集合を用いて，約束 (∗) をみたすように順序対を定義できる」ということは重要である．しかし，集合を用いて順序対を定義する方法は，クラトウスキ順序対のほかにもある．ユーザーとして順序対とつきあう限り，定義 5.1.1 や，例題 5.1.1 の解を忘れてしまってもあまり困らない．

◆**問 5.1.1** $\{\{\emptyset,\{a\}\},\{\{b\}\}\}$ を $f_2(a,b)$ と表すとき，式 (5.1.1)（の f を f_2 に置き換えた式）が成り立つことを示せ．

□ **例題 5.1.2** $\{\langle 0,a \rangle, \langle 1,b \rangle\}$ を $f_3(a,b)$ と表すとき，式 (5.1.1)（の f を f_3 に置き換えた式）が成り立つことを示せ．

解 $f_3(a,b) = f_3(c,d)$ とする．このとき，$\{\langle 0,a \rangle, \langle 1,b \rangle\} = \{\langle 0,c \rangle, \langle 1,d \rangle\}$ なので $\langle 0,a \rangle \in \{\langle 0,c \rangle, \langle 1,d \rangle\}$．ところが，$\langle 0,a \rangle \neq \langle 1,d \rangle$ だから $\langle 0,a \rangle = \langle 0,c \rangle$．よって，$a = c$．同様にして，$b = d$．以上により，式 (5.1.1) が成り立つ．

5.1.3 組の再構成

クラトウスキ順序対に基づく n 組（n-tuple）は，2.1.1 項と同様にして再帰的に定義される．2 組はクラトウスキ順序対のことと定める．$n+1$ 組 $\langle a_1, \ldots, a_n, a_{n+1}\rangle$ とは，$\langle\langle a_1, \ldots, a_n\rangle, a_{n+1}\rangle$ のことと定める．二つの n 組 $\langle a_1, \ldots, a_n\rangle$ と $\langle b_1, \ldots, b_n\rangle$ が等しいことと，$a_1 = b_1 \wedge \cdots \wedge a_n = b_n$ は同値である．その証明は，2.1.1 項の例題 2.1.1 と同様にしてできる．

例題 5.1.2 の方式に基づく n 組は，$\{\langle 0, a_1\rangle, \langle 1, a_2\rangle, \ldots, \langle n-1, a_n\rangle\}$ によって定義すればよい．

このように，集合を用いて順序対を定義する方法はいろいろある．一般に数学書において，これらをどう区別しているのだろうか．実は，必要に迫られない限り区別せずに運用していることが多い．どの流儀の順序対もみな順序対とよび，2.1.1 項の順序対と同じ記号で表すことが多い．同様に，どの流儀の n 組も単に n 組とよぶことが多い．

5.2 整数と有理数

5.2.1 フォン ノイマンの自然数

集合を用いて自然数を定義する方法のうち，フォン ノイマンによるものがとくによく知られている．本項では厳密な証明には深入りせず，フォン ノイマンの自然数の概要を紹介する．

■ **定義 5.2.1** フォン ノイマンの自然数としての 0 とは，空集合のことであると定義する．n がフォン ノイマンの自然数であるとき，n の**後者**とは $n \cup \{n\}$ のことであると定義する．フォン ノイマンの自然数としての 1 とは，フォン ノイマンの 0 の後者，すなわち $\{\emptyset\}$ のことであると定義する．

ふつう，フォン ノイマンの自然数としての $0, 1$ に対して特別な記号は用いず，いつもどおり $0, 1$ で表す．潔癖な人は心の中で別の記号を用意して $0_N, 1_N$ と読み替えてもらいたい．2（潔癖な人は心の中では 2_N）とは 1（同，1_N）の後者であると定義し，3 とは 2 の後者であると定義する．同様にして $4, 5, 6, \ldots$ を定義する．

☐ **例 5.2.1** $0 = \emptyset, 1 = 0 \cup \{0\} = \{0\}, 2 = 1 \cup \{1\} = \{0, 1\}, 3 = 2 \cup \{2\} = \{0, 1, 2\}, \ldots, n = \{0, \ldots, n-1\}$．

フォン ノイマンの自然数 3 と 2 の和集合をとると，3 になってしまう．そこで，集合と

しての和とは別に,自然数としての和を定義する.共通部分が空になるように,3のコピーと2のコピーを作りたい.こういう場合,3のコピーとして $A = \{(0,0),(0,1),(0,2)\}$, 2のコピーとして $B = \{(1,0),(1,1)\}$ をとるのが定石である.初めての人には唐突な考え方にみえるかもしれないが,次のように考えればよいだろう.つまり,数直線のコピーが二つあって互いに交わらなければよいので,座標平面上で一対の平行な直線に注目する.定義が簡単なものならどれでもよいが,たとえば直線 $x = 0$ すなわち y 軸と,直線 $x = 1$ を選ぶ.このような考察は,いわば家を建てる最中に職人さんが用いる足場のようなものであり,施主に家を引き渡す前に解体しておく.正式な議論としては,座標平面や平行な直線に言及せず,上記のようにいきなり A, B を定義するのである.

さて,A と B の和集合は $A \cup B = \{(0,0),(0,1),(0,2),(1,0),(1,1)\}$ である.$A \cup B$ の要素 $(a,b),(c,d)$ に対して $a < c \vee (a = c \wedge b < d)$ を $(a,b) <_1 (c,d)$ と書くと $<_1$ は $A \cup B$ 上の狭義順序になる.$(A \cup B, <_1)$ と順序同型なフォン ノイマンの自然数を $3 + 2$ と定義したいわけである.このようなやり方で和を定義すると意味はわかりやすいが,話が長くなる.ここでは簡潔さを重んじて,次のように再帰的に定義する.

■ **定義 5.2.2** フォン ノイマンの自然数に対する**加法** (+) を以下のように定義する.$n + 0$ とは n のことであると定める.$n + (m \text{ の後者})$ とは,$(n + m)$ の後者のことであると定義する.

$$\begin{cases} n + 0 & = n \\ n + (m \text{ の後者}) & = (n + m) \text{ の後者} \end{cases} \quad (5.2.1)$$

■ **定義 5.2.3** フォン ノイマンの自然数に対する大小関係 $n < m$ とは,$n \in m$ のことであると定義する.

☐ **例 5.2.2**
- $n + 1 = n + (0 \text{ の後者}) = (n + 0) \text{ の後者} = n \text{ の後者}$.つまり,$n + 1 = n$ の後者 が成り立つ.
- $0 < 1 < 2 < 3 < \cdots < n < n + 1$ が成り立つ.
- $n < 0$ は成り立たない.

☐ **例題 5.2.1** フォン ノイマンの自然数に対して以下の法則が成り立つことを示せ.

$$n < (m \text{ の後者}) \leftrightarrow (n < m \vee n = m)$$

解 $n < (m$ の後者$)$ は $n \in m \cup \{m\}$ のことであるから，$n \in m \vee n \in \{m\}$ と同値である．これは $n < m \vee n = m$ と同値である．

■ **定義 5.2.4** フォン ノイマンの自然数に対する**乗法** ($\cdot$) を以下のように定義する．

$$\begin{cases} n \cdot 0 & = 0 \\ n \cdot (m \text{ の後者}) & = n \cdot m + n \end{cases} \quad (5.2.2)$$

減法（引き算）も定義したい．ただし，負の数は考えていないので，減法の結果が 0 以下になるときは 0 としたい．「後者」から加法を定義したのと同様に，「前者」から減法を定義すればよい．n の前者は $n-1$ にしたいが，例外的に 0 の前者は 0 とする．

■ **定義 5.2.5** フォン ノイマンの自然数に対して，その**前者**（predecessor）を以下のように定義する．

$$\begin{cases} 0 \text{ の前者} & = 0 \\ (n \text{ の後者}) \text{ の前者} & = n \end{cases} \quad (5.2.3)$$

■ **定義 5.2.6** フォン ノイマンの自然数に対する**固有差**（引き算もどき，$\dot{-}$）を以下のように定義する．

$$\begin{cases} n \mathbin{\dot{-}} 0 & = n \\ n \mathbin{\dot{-}} (m \text{ の後者}) & = (n \mathbin{\dot{-}} m) \text{ の前者} \end{cases} \quad (5.2.4)$$

□ **例題 5.2.2** フォン ノイマンの自然数に対して，加法の**結合法則** $(m+n)+\ell = m+(n+\ell)$ を証明せよ．ただし，帰納法を用いてよい．

解 以下の解の中で，フォン ノイマンの自然数を単に自然数とよぶ．ℓ についての帰納法によって示す．

$(m+n)+0 = m+(n+0)$ の証明：加法の定義により，任意の自然数 x に対して $x+0 = x$ である．よって，$(m+n)+0 = m+n = m+(n+0)$．

帰納ステップ：$(m+n)+k = m+(n+k)$ が成り立つとして，$\ell = k+1$ の場合を考える．加法の定義により，任意の自然数 x, y に対して $x+(y+1) = (x+y)+1$ である．よって，示すべき式の左辺は $(m+n)+(k+1) = ((m+n)+k)+1$．また，

> 示すべき式の右辺は $m + (n + (k+1)) = m + ((n+k) + 1) = (m + (n+k)) + 1$. ここで，帰納法の仮定 $(m+n) + k = m + (n+k)$ を用いると，示すべき式の左辺と右辺は等しいことがわかる．すなわち，$(m+n) + (k+1) = m + (n + (k+1))$.
> 以上により，すべての自然数 ℓ に対して $(m+n) + \ell = m + (n+\ell)$ が成り立つ．

同様に努力を積み重ねると，$0+n = n, n \cdot 1 = n, 1 \cdot n = n$ を始めとして，以下の法則を証明できる．加法の交換法則 $m + n = n + m$，乗法の結合法則 $m \cdot (n \cdot \ell) = (m \cdot n) \cdot \ell$，乗法の交換法則 $m \cdot n = n \cdot m$，分配法則 $m \cdot (n + \ell) = m \cdot n + m \cdot \ell$. さらに，$n + 1 = m + 1 \to n = m$，より一般に $n + \ell = m + \ell \to n = m$ も証明できる．

素朴に考えると，ここまでの議論でフォン ノイマンの自然数はきちんと定義できており，フォン ノイマンの自然数全体の集合を $\mathbb{N}$ と定義すればよいように思える（潔癖症の人は心の中で別の記号，たとえば $\mathbb{N}_N$ に読み替える）．

ところが専門的な見地からは，以下二つの問題がある．

問題点 1：個々の 0,1,2 などは定義したが，与えられた集合がフォン ノイマンの自然数であるかどうかを判定する基準を示していない．

問題点 2：基準を示したとしても，フォン ノイマンの自然数全体のクラスがプロパークラスではなく，集合になることの根拠を示していない．

そこで，現代の集合論ではたとえば，以下のように考える．問題点 2 から先にみよう．そのような根拠はほしいが何もないところからひねり出せそうにない．そこで命題 1：「フォン ノイマンの自然数全体のクラスは集合である」を公理として認めてしまいたいのである．ただし，技術的な理由があって，命題 1 と少し見た目の違う主張を公理とする．

■**定義 5.2.7**　集合 A が inductive set であるとは，以下二つの条件が成り立つことをいう．(1) $\emptyset \in A$，　(2) $n \in A \Rightarrow n \cup \{n\} \in A$.

無限公理：inductive set が存在する．

上記の無限公理が命題 1 の代替物である．ただし，無限公理から命題 1 を導くには，以下の約束も用いる．

分出公理：集合の部分クラスは集合である．すなわち，A が集合であり，クラス B の要素はすべて A の要素であるとき，B は集合である．

無限公理により，少なくとも一つの inductive set A が存在する．したがって，す

べての inductive set 全体の共通部分は，A の部分クラスである．よって，分出公理により，この共通部分は集合である．

■ **定義 5.2.8**　(1) すべての inductive set の共通部分を $\mathbb{N}$ とする（上記の議論により，これは集合である）．
(2) 集合 x が $\mathbb{N}$ に属するとき，x を**フォン ノイマンの自然数**であるという．混乱のおそれがなければ，単に自然数であるという．

5.2.2　整　数

次に，集合を用いて整数を再構成する．考え方としては，自然数 a, b を用いて $a - b$ と表される式を新たな数として扱い，等しくなるべき式を同一視したい．以下の例題において，$\langle a, b \rangle$ によって $a - b$ を表したいわけである．本項と次項を通じて，とくに断りのない限り，フォンノイマンの自然数を単に自然数という．

□ **例題 5.2.3**　$\mathbb{N}^2$ において $a + d = c + b$ であるとき $\langle a, b \rangle \sim_Z \langle c, d \rangle$ と定めることにより関係 $\sim_Z$ を定める．この関係が同値関係であることを示せ．

解　反射律：$a + b = a + b$ であるから，$\langle a, b \rangle \sim_Z \langle a, b \rangle$ が成り立つ．
対称律：$\langle a, b \rangle \sim_Z \langle c, d \rangle$ が成り立つとする．このとき $a + d = c + b$ だから，$c + b = a + d$ が成り立つ．よって，$\langle c, d \rangle \sim_Z \langle a, b \rangle$ が成り立つ．
推移律：$\langle a, b \rangle \sim_Z \langle c, d \rangle$ かつ $\langle c, d \rangle \sim_Z \langle e, f \rangle$ とする．このとき $a + d = c + b \land c + f = e + d$ が成り立つ．よって，$(a + d) + (c + f) = (c + b) + (e + d)$ である．加法の交換法則と結合法則を用いると，$(a + f) + (c + d) = (e + b) + (c + d)$．よって，$a + f = e + b$ が成り立つ．したがって，$\langle a, b \rangle \sim_Z \langle e, f \rangle$ が成り立つ．
以上により，反射律，対称律，推移律が成り立つから，$\sim_Z$ は同値関係である．

■ **定義 5.2.9**　(1) 例題 5.2.3 で考えた関係に関する商集合 $\mathbb{N}^2 / \sim_Z$ を $\mathbb{Z}$ で表す．
(2) $\mathbb{Z}$ の要素を整数とよぶ．
(3) 自然数 n と同値類 $[\langle n, 0 \rangle]_Z$ を同一視する．とくに整数としての 0 とは $[\langle 0, 0 \rangle]_Z$ であり，整数としての 1 とは $[\langle 1, 0 \rangle]_Z$ であるとする．

本節の残りにおいて，同値類 $[\langle a, b \rangle]_Z$ を単に $[\langle a, b \rangle]$ と書く．

□ **例題 5.2.4**　$\langle a, b \rangle \sim_Z \langle a', b' \rangle$ かつ $\langle c, d \rangle \sim_Z \langle c', d' \rangle$ であるとする．このとき，$\langle a + c, b + d \rangle \sim_Z \langle a' + c', b' + d' \rangle$ が成り立つことを示せ．

解 与えられた条件により，$a+b' = a'+b$ かつ $c+d' = c'+d$. 左辺どうし，右辺どうし加えると以下を得る：$(a+b')+(c+d') = (a'+b)+(c'+d)$. ゆえに，$(a+c)+(b'+d') = (a'+c')+(b+d)$. したがって，$\langle a+c, b+d\rangle \sim_Z \langle a'+c', b'+d'\rangle$ が成り立つ．

$[\langle a,b\rangle], [\langle c,d\rangle]$ から $[\langle a+c, b+d\rangle]$ を作る操作は代表元のとり方によらず，同値類 $[\langle a,b\rangle]$ と同値類 $[\langle c,d\rangle]$ だけで決まることが，上記例題によりわかる．そこで以下のように定義する．

■ **定義 5.2.10** $[\langle a,b\rangle], [\langle c,d\rangle] \in \mathbb{Z}$ とする．
(1) 和 $[\langle a,b\rangle] + [\langle c,d\rangle]$ を $[\langle a+c, b+d\rangle]$ によって定義する．
(2) マイナス1倍 $-[\langle a,b\rangle]$ を $[\langle b,a\rangle]$ によって定義する．また，$[\langle a,b\rangle] + (-[\langle c,d\rangle])$ を $[\langle a,b\rangle] - [\langle c,d\rangle]$ と表す．

☐ **例題 5.2.5** 整数 m に対し，$m - m = 0$ であることを示せ．

解 $m = [\langle a,b\rangle]$ とおく．ただし a,b は自然数である．このとき $m - m = [\langle a,b\rangle] + (-[\langle a,b\rangle]) = [\langle a,b\rangle] + [\langle b,a\rangle] = [\langle a+b, a+b\rangle]$ である．ところが $(a+b)+0 = 0+(a+b)$ だから，$[\langle a,b\rangle] = [\langle 0,0\rangle] = 0$ が成り立つ．よって，$m - m = 0$ が成り立つ．

以下では数学の慣習に従い，混乱のおそれがなければ乗算記号 · を省略する．
$\langle a,b\rangle \sim_Z \langle a',b'\rangle \land \langle c,d\rangle \sim_Z \langle c',d'\rangle$ であるとする．例題 5.2.4 と同様にして，以下を示せる．証明は省略する．
(1) $\langle ac+bd, ad+bc\rangle \sim_Z \langle a'c+b'd, a'd+b'c\rangle$.
(2) $\langle ac+bd, ad+bc\rangle \sim_Z \langle a'c'+b'd', a'd'+b'c'\rangle$.
$[\langle a,b\rangle], [\langle c,d\rangle]$ から $[\langle ac+bd, bc+ad\rangle]$ を作る操作も代表元のとり方によらず，$\langle a,b\rangle$ の同値類と $\langle c,d\rangle$ の同値類だけで決まる．そこで，以下のように定義する．

■ **定義 5.2.11** $[\langle a,b\rangle], [\langle c,d\rangle] \in \mathbb{Z}$ とする．このとき，積 $[\langle a,b\rangle][\langle c,d\rangle]$ を $[\langle ac+bd, bc+ad\rangle]$ によって定義する．

この調子で努力していくと，整数について以下の法則を証明できる：$n+0 = n$，$0+n = n$，$n \cdot 0 = 0$，$0 \cdot n = 0$，$n \cdot 1 = n$，$1 \cdot n = n$，加法の結合法則，加法の交換法則，乗法の結合法則，乗法の交換法則，分配法則．

5.2.3 有理数

今度は集合を用いて有理数を再構成する．考え方としては，整数 a, b を用いて a/b と表される式を新たな数として扱い，等しくなるべき式を同一視したい．今回は $\langle a, b \rangle$ によって a/b を表したいわけである．

$\mathbb{Z} \times (\mathbb{Z} - \{0\})$ において $ad = bc$ であるとき $\langle a, b \rangle \sim_Q \langle c, d \rangle$ と定めることにより，関係 $\sim_Q$ を定める．例題 5.2.3 と同様にして，$\sim_Q$ が同値関係であることを示せる．証明は省略する．

■ **定義 5.2.12** (1) 上記の関係に関する商集合 $\mathbb{Z} \times (\mathbb{Z} - \{0\})/\sim_Q$ を $\mathbb{Q}$ で表す．
 (2) $\mathbb{Q}$ の要素を有理数とよぶ．
 (3) 整数 m と同値類 $[\langle m, 1 \rangle]_Q$ を同一視する．とくに有理数としての 0 とは $[\langle 0, 1 \rangle]_Q$ であり，有理数としての 1 とは $[\langle 1, 1 \rangle]_Q$ であるとする．

$\langle a, b \rangle \sim_Q \langle a', b' \rangle$ かつ $\langle c, d \rangle \sim_Q \langle c', d' \rangle$ であるとする．例題 5.2.4 と同様にして，以下を示せる．証明は省略する．
 (1) $\langle ad + bc, bd \rangle \sim_Q \langle a'd' + b'c', b'd' \rangle$.
 (2) $\langle ac, bd \rangle \sim_Q \langle a'c', b'd' \rangle$.

有理数の和と積も代表元のとり方によらず，同値類だけに依存して定義できる．本節の残りにおいて，同値類 $[\langle a, b \rangle]_Q$ を単に a/b と書く．

■ **定義 5.2.13** $a/b, c/d \in \mathbb{Q}$ とする．
 (1) 和 $a/b + c/d$ を $(ad + bc)/bd$ によって定義する．
 (2) マイナス 1 倍 $-(a/b)$ を $(-a)/b$ によって定義する．また，$a/b + (-(c/d))$ を $a/b - c/d$ と表す．
 (3) 積 $(a/b)(c/d)$ を ac/bd によって定義する．

有理数について，以下の法則を証明できる：$q - q = 0$，$q + 0 = 0 + q$，$q \cdot 1 = 1 \cdot q$，a も b も 0 でないとき $(a/b)(b/a) = 1$，加法の結合法則，加法の交換法則，乗法の結合法則，乗法の交換法則，分配法則．

実数を定義するのはもっと専門的であり，本書の範囲を超える．詳細は齋藤 [5] を参照してほしい．

5.3 数列と添え字付き集合族

順序対がみたすべき性質 (5.1.1) を確かにみたすものとして，われわれはクラトウスキの順序対 $\langle a, b \rangle$ を採用した．しかし，上記の性質をみたす定義はほかにもあることをみた．とくに例題 5.1.2 では，以下が a と b の順序対の代用になりうることをみた．

$$f: \{0, 1\} \to \{a, b\}; 0 \mapsto a, 1 \mapsto b$$

この流儀の長所の一つは，定義域を無限集合に拡張しやすい点にある．たとえば無限個の成分からなる順序対 $\langle a_n \mid n \in \mathbb{N} \rangle = \langle a_0, a_1, a_2, \ldots \rangle$ を考えたいとき，クラトウスキのやり方では困るのだが，例題 5.1.2 の方式なら一向に困らない．つまり，$\langle a_n \mid n \in \mathbb{N} \rangle$ とは単に $\mathbb{N}$ を定義域とする関数 f であり，$f(n)$ と書く代わりに a_n と書き，f と書く代わりに $\langle a_n \mid n \in \mathbb{N} \rangle$ と書いているにすぎない，と考えるのである．

高校で学んだ**数列**も，同じ考え方で再定義できる．すなわち，数列とは $\mathbb{N}$ を定義域とし，数の集合を値域とする関数であると考えればよい．数列の場合，$\langle a_n \mid n \in \mathbb{N} \rangle$ と書く代わりに $\{a_n\}$（高校の流儀）と書いたり $\{a_n\}_{n \in \mathbb{N}}$ と書いたりすることもある．

3.1.1 項で導入した**添え字付けられた集合族** $\mathcal{A} = \{A_n \mid n \in \mathbb{N}\}$ も，この考え方で再定義できる．つまり，添え字付けられた集合族とは，単に値として集合をとる写像 $\langle A_n \mid n \in \mathbb{N} \rangle$ のことであると再定義すればよい．

もはや添え字の集合が $\mathbb{N}$ である必要もない．それは単に写像の定義域にすぎないのだから，どのような集合 E に対しても同様の定義をできる．集合 E を添え字とする列 $\langle b_x \mid x \in E \rangle$ とは，E を定義域とする写像であると定める．また，添え字付けられた集合族 $\mathcal{B} = \{B_x \mid x \in E\}$ とは，E を定義域とする写像であって，値が集合になっているものと定める．集合だけの世界を考えている場合，「値が集合である」という条件は，単なる念押しでしかない．上記の列を $\{b_x\}_{x \in E}$ と書くこともある．同様に，上記の集合族を $\{B_x\}_{x \in E}$ と書くこともある．

さて，直積とは順序対の集合であった．無限個の成分をもつ直積についても同様の定義をできる．添え字の集合 E と，添え字付けられた集合族 $\mathcal{B} = \{B_x \mid x \in E\}$ が与えられたとする．このとき，各 $x \in E$ に対して $b_x \in B_x$ となるような列 $\langle b_x \mid x \in E \rangle$ の全体を，集合族 $\mathcal{B} = \{B_x \mid x \in E\}$ の**直積**といい，次のような記号で表す．

$$\prod_{x \in E} B_x = \{\langle b_x \mid x \in E \rangle \mid \forall x \in E \; b_x \in B_x\}$$

左辺を上記のように書く代わりに，$\prod_{x \in E}\{B_x\}_{x \in E}$ と書いたり，$\prod_{x \in E} \mathcal{B}$，あるいは単に $\prod \mathcal{B}$ と書いたりすることもある．

選択公理（定理 4.3.2 (2)）を次のように表現することもできる．「集合族 $\mathcal{B} = \{B_x \mid x \in$

E} において，どの x に対しても $B_x \neq \emptyset$ ならば，直積 $\prod_{x \in E} \mathcal{B}$ も空ではない」．見た目は元の選択公理と違うが，よく見るとほとんど同じことを主張しており，両者が同値であることを示すのは難しくない．

5.4 フォン ノイマンの順序数

5.4.1 順序数

フォン ノイマンは，1923 年に順序数を次のように定義した．これを**フォン ノイマンの順序数**という．

■ **定義 5.4.1** 集合 α が次の二つの条件をみたすとき，α を**順序数**という．

(1) $\forall x \in \alpha \; x \subset \alpha$
(2) $\in$ は α 上の（狭義）整列順序である．

第 2 の条件をもう少し正確にいうと，次のようになる：「$<_\alpha = \{(x, y) \in \alpha^2 \mid x \in y\}$ は α 上の（狭義）整列順序である」

以下，とくに断りのない限り，単に順序数といえばフォン ノイマンの順序数のことを指すものとする．

□ **例 5.4.1** フォン ノイマンの自然数はいずれも順序数である．また，例 4.3.3 にあげた $\omega, \omega + 1, \omega + 2, \omega \cdot 2$ はいずれも順序数である．

以下が成り立つことが知られている．証明は省略する．

□ **例 5.4.2** (1) 順序数の空でない集合には，必ず最小元がある．
(2) どのような（狭義）整列集合 $(P, <_P)$ に対しても，ある順序数 α が存在して，$(P, <_P)$ と $(\alpha, \in)$ が順序同型となる．しかも，そのような α はただ一つに定まる．

そこで，上記 (2) の α を $(P, <_P)$ の**順序型**と定める．

5.4.2 基数

順序数の一種として基数を定義することができる．まだ濃度の厳密な定義はしていないが，「濃度が等しい」という概念については定義済みであることに注意しよう．

定義 5.4.2 順序数 α が，自分より小さいどのような順序数とも濃度が等しくないとき，α を**基数**という．

例 5.4.3 フォン ノイマンの自然数はいずれも基数である．また，例 4.3.3 にあげた ω は基数である．一方，$\omega+1, \omega+2, \omega\cdot 2$ はいずれも基数ではない．これらはいずれも ω と濃度が等しいからである．

選択公理の下では，どのような集合 X に対しても，その上の整列順序が存在する．したがって，X と濃度が等しい基数 κ がただ一つ存在する．この κ を X の基数，あるいは X の濃度という．

第 5 章の公式集

$$\text{クラトウスキの順序対 } \langle a,b \rangle = \{\{a\},\{a,b\}\} \quad (1)$$

$$\text{フォン ノイマンの自然数としての } 0 = \emptyset \quad (2)$$

$$\text{フォン ノイマンの自然数としての } n+1 = n \cup \{n\} \quad (3)$$

$$\text{添え字付けられた集合族} : \text{集合を値とする写像} \quad (4)$$

$$\text{直積} \prod_{x \in E} B_x = \{\langle b_x \mid x \in E \rangle \mid \forall x \in E\ b_x \in B_x\} \quad (5)$$

◆ 第 5 章の章末問題

――― A ―――

問題 5.1　フォン ノイマンの自然数について，法則 $0 + n = n$ を示せ．

――― B ―――

問題 5.2　本章で再定義した整数について，法則 $0 + n = n$ を示せ．

――― C ―――

問題 5.3　本章で再定義した整数について，法則 $n \cdot 0 = 0$ を示せ．

COLUMN　ラッセルのパラドックス

正しそうな前提から，正しそうな導出によって，納得しがたい結論を得ることを**パラドックス（逆説）**という．19 世紀の集合論についてカントル，ブラリ フォルティ，ツェルメロ，ラッセルなどがパラドックスをみつけた．それらの中で，とくに有名なラッセルのパラドックスを紹介する．

フレーゲは論理学を土台にして数学を再構成しようとした．彼が 1893 年の著書で提示した基本法則の一つを現代風に言いかえると，次のようになる．

フレーゲの内包（の）公理：条件 $\Phi(x)$ が与えられたとき，それをみたすものの全体の集合 $\{x \mid \Phi(x)\}$ が存在する．

上記をよりていねいに，フレーゲの内包公理図式ともいう．ここでの図式 (schema) とはパターンのような意味であり，「条件 $\Phi(x)$ を一つ決めるごとに内包の公理が一つ決まるから，上記は一つの公理というよりたくさんの公理を一度に定めるパターンだ」という考えに基づいて図式という．

さて，ラッセルは 1901 年に次のように考察し，翌年，この考察をフレーゲに手紙で知らせた．

ラッセルのパラドックス：条件 $\Phi(x)$ として $x \notin x$ をとる．内包の公理により，集合 $R = \{x \mid x \notin x\}$ が存在する．このとき任意の x に対して，$x \in R \leftrightarrow x \notin x$ が成り立つ．とくに x に R を代入すると $R \in R \leftrightarrow R \notin R$ となる．これは矛盾である．

現代ではふつう，この考察を次のように解釈する．(1) フレーゲの内包公理は，修正なしには認められない．(2) 上記の R は，集合としては存在しない．R はプロパークラス（集合でないクラス）である．

上記のパラドックスについて，わかりやすいたとえ話がいくつか知られている．その一つに床屋（理容師）のたとえがある．およそ次のような話である．ある村にはただ1人の床屋，Rという人がいて，次のようにいった．「この村の男のうち，自分で自分のひげを剃らない者のひげは私が剃るが，自分で自分のひげを剃る者のひげは，私は剃らない」．つまりこの村の任意の男Xに対して，「XのひげをRが剃る」と「XのひげをXは剃らない」は同値である．ではXにRを代入したらどうなのか．つまり，R自身のひげをRは剃るのかと考えると，答えがわからなくなる．Rが女性なら，変数としての「男X」にRを代入できないので，パラドックスにはならない．

　現代の公理的集合論では，外延性公理（1.2.3項），選択公理（4.3.3項）に加えて，内包の公理を修正した命題をいくつか，公理として採用する．たとえば，無限公理，分出公理（5.2.1項）などである．とくに分出公理により，集合 a が与えられたとき，集合 $\{x \in a \,|\, \Phi(x)\}$ の存在は認める．公理的集合論に興味をもった読者は，あとがきと巻末の参考文献をご覧いただきたい．

補　遺

命題に関する分配法則（例 1.1.5）を思い出そう．

$(p \vee q) \wedge r$ と $(p \wedge r) \vee (q \wedge r)$ は同値である．

$(p \wedge q) \vee r$ と $(p \vee r) \wedge (q \vee r)$ は同値である．

ここでは，「s から t を導くことができて，t から s を導くこともできる」ということを「s と t が同値」と表している．

1.1.9 項では，命題に関する分配法則を，あえて力ずくの場合分けによって考察した．これは，初級者向けの説明に徹したためである．

一方，本書をほぼ読み終えたレベルの読者にとって，上記のような考察は物足りないかもしれない．命題に関する分配法則は，第 1 グループの規則だけを用いて証明できる．以下に，その要点を示そう．

☐ **例題 A.1**　　p, q, r は命題であるとする．このとき，以下を示せ．

(1) 第 1 グループの規則だけを用いて，$(p \vee q) \wedge r$ から $(p \wedge r) \vee (q \wedge r)$ を導ける．

(2) 第 1 グループの規則だけを用いて，$(p \wedge r) \vee (q \wedge r)$ から $(p \vee q) \wedge r$ を導ける．

解　　(1)

　　主張 1　　第 1 グループの規則だけを用いて，r, p から $(p \wedge r) \vee (q \wedge r)$ を導ける．[証明：「かつ」の導入規則により，r, p から $p \wedge r$ を導ける．さらに，「または」の導入規則により，$p \wedge r$ から $(p \wedge r) \vee (q \wedge r)$ を導ける．以上により，第 1 グループの規則だけを用いて，r, p から $(p \wedge r) \vee (q \wedge r)$ を導ける．]

　　主張 2　　第 1 グループの規則だけを用いて，r, q から $(p \wedge r) \vee (q \wedge r)$ を導ける．[証明は主張 1 と同様である．]

　　主張 3　　第 1 グループの規則だけを用いて，$r, p \vee q$ から $(p \wedge r) \vee (q \wedge r)$ を導ける．[証明：主張 1，2 と，「または」の除去規則によって示される（ここで，仮定 p, q が解消される）．]

　　さて，「かつ」の除去規則により，$(p \vee q) \wedge r$ から $p \vee q$ と r を導ける．このことと主張 3 により，第 1 グループの規則だけを用いて，$(p \vee q) \wedge r$ から $(p \wedge r) \vee (q \wedge r)$ を導ける．

　　(2)

　　主張 4　　第 1 グループの規則だけを用いて，$p \wedge r$ から $(p \vee q) \wedge r$ を導ける．[証明：「かつ」の除去規則により，$p \wedge r$ から p, r を導ける．次に，「または」の導入規

則により，p から $p \vee q$ を導ける．さらに「かつ」の導入規則により，$p \vee q$ と r から $(p \vee q) \wedge r$ を導ける．以上により，第 1 グループの規則だけを用いて，$p \wedge r$ から $(p \vee q) \wedge r$ を導ける．]

主張 5 第 1 グループの規則だけを用いて，$q \wedge r$ から $(p \vee q) \wedge r$ を導ける．[証明は主張 4 と同様である．]

そこで，「または」の除去規則を用いると，主張 4, 5 により，$(p \wedge r) \vee (q \wedge r)$ から $(p \vee q) \wedge r$ を導ける（ここで仮定 $p \wedge r$, $q \wedge r$ が解消される）．以上の議論において，第 1 グループの規則だけを用いている．

例題 A.1 により，第 1 グループの規則だけを用いて，$(p \vee q) \wedge r$ と $(p \wedge r) \vee (q \wedge r)$ が同値であることを示せた．

同様にして，第 1 グループの規則だけを用いて，$(p \wedge q) \vee r$ と $(p \vee r) \wedge (q \vee r)$ が同値であることを示せる．

ただし，1.1.9 項において，力ずくの場合分けによって示した結果のすべてが，第 1 グループの規則（最小命題論理という）だけを用いて証明できるわけではない．たとえば，第 1 と第 2 グループの規則（まとめて直観主義命題論理という）だけを用いて，$\neg(p \wedge q)$ から $\neg p \vee \neg q$ を導くことはできないことが知られている．第 1 から第 3 グループまでの規則（まとめて古典命題論理という）の下では，$\neg(p \wedge q)$ から $\neg p \vee \neg q$ を導くことができる．

問題解答・解説

第 0 章

第 0 章の章末問題

—— A ——

問題 0.1 の解　(1) $\{-3,-2,-1,0,1,2,3\}$, (2) Y, Z, W

解説　(1) は，たとえば $\{0,1,-1,2,-2,3,-3\}$ と答えても正解である．

問題 0.2 の解　$\emptyset$, $\{1\}$, $\{2\}$, $\{3\}$, $\{1,2\}$, $\{1,3\}$, $\{2,3\}$, $\{1,2,3\}$

解説　1 が属するかどうか，2 が属するかどうか，3 が属するかどうかで $2^3 = 8$ 個の部分集合がある．$\emptyset$ を忘れないようにする．

問題 0.3 の解　(1) $\{1,2,3,4\}$, (2) $\{2,3\}$, (3) $\{1,2,3,4,5\}$, (4) $\{3\}$, (5) $\{1,3\}$, (6) $\{1,2,3,5\}$

解説　ベン図ですぐわかるのは (1), (2) だけなのではないだろうか．(3), (4) はベン図に頼るより，現代国語の論説文読解問題だと思ったほうが簡単である．

(3) X, Y, Z の少なくとも一つに属するものすべての集まりが $X \cup Y \cup Z$ である．

(4) X, Y, Z のすべてに属するものすべての集まりが $X \cap Y \cap Z$ である．

(5), (6) では，近道や階段の二段抜かしのようなことをしようとせず，順番どおりに考える．

(5) まず (1) により $X \cup Y = \{1,2,3,4\}$ だから，$(X \cup Y) \cap Z = \{1,2,3,4\} \cap \{1,3,5\} = \{1,3\}$.

(6) まず (2) により $X \cap Y = \{2,3\}$ だから，$(X \cap Y) \cup Z = \{2,3\} \cup \{1,3,5\} = \{1,2,3,5\}$.

問題 0.4 の解　(1) 必要, (2) 十分, (3) 十分, (4) または

—— B ——

問題 0.5 の解　ド・モルガンの法則により，$\overline{X} \cup \overline{Y} = \overline{X \cap Y} = \overline{\{3,6\}}$．$\{3,6\}$ の要素の個数が 2 だから，その補集合の要素は $10 - 2 = 8$ 個ある．**答**　8 個．

問題 0.6 の解　与えられた命題の対偶「n が 5 で割り切れないならば，n^4 を 5 で割った余りは 1 である」を示せばよい．それには，n が 5 で割り切れないと仮定して，n^4 を 5 で割った余りは 1 であることを示せばよい．仮定により，$n = (5 \text{ の倍数}) + r$，ただし r は $1, 2, 3, 4$ のいずれか，と表せる．必要に応じて 5 の倍数の部分を 5 増やすことにより，r は $1, 2, -2, -1$ のいずれかであるとしてよい．よって，$n^2 = (5 \text{ の倍数}) + r^2 = (5 \text{ の倍数}) + s$, ただし s は $1, 4$ のいずれかである．上と同様にして，s は $1, -1$ のいずれかであるとしてよい．したがって，$n^4 = (5 \text{ の倍数}) + s^2 = (5 \text{ の倍数}) + 1$. 以上により，与えられた命題

の対偶を示せたから，もとの命題を証明できた．

問題 0.7 の解　数学的帰納法で示す．

$n=1$ のとき，左辺，右辺ともに 1 であるから両辺は等しい．

$n=k$ のとき両辺が等しいとして，$n=k+1$ のときを考察する．$n=k+1$ に対する左辺は $j=1$ から k までの部分和と第 $k+1$ 項の和であり，帰納法の仮定により k までの部分和は $(1/4)k^2(k+1)^2$ に等しい．よって，左辺は $(1/4)k^2(k+1)^2+(k+1)^3$ であり，これは $(1/4)(k+1)^2(k+2)^2$ に等しい．これは $n=k+1$ に対する右辺にほかならない．よって，$n=k+1$ に対しても両辺が等しい．

以上により，帰納法によって，すべての自然数 n に対して $\sum_{j=1}^{n} j^3 = (1/4)n^2(n+1)^2$ が成り立つことを示せた．

——— C ———

問題 0.8 の解（対偶を用いた解答）　「$1 \in P$」かつ「$k \in P \Rightarrow k+1 \in P$」，という主張を q，「すべての自然数は P に属する」という主張を r で表す．示すべきことは「q ならば r」である．その対偶「r が成り立たないならば q も成り立たない」を示そう．そこで，r が成り立たないとすると，P の補集合は空でない．よって，最小数の原理により，P の補集合に属する自然数のうち最小のものが存在する．それを m とする．

場合 1：$m=1$ のとき．$m=1$ が P に属さないから，「$1 \in P$」は成り立たない．よって q は成り立たない．

場合 2：そうでないとき．ある自然数 k' を用いて $m=k'+1$ の形に書ける．m の最小性により，$k' \in P$．したがって，「$k' \in P$ かつ $k'+1 \notin P$」．これは「$k \in P \Rightarrow k+1 \in P$」の反例だから，「$k \in P \Rightarrow k+1 \in P$」は成り立たない．よって，$q$ は成り立たない．

場合 1 と 2 のいずれにおいても q は成り立たないから，q は成り立たない．以上により，もとの命題の対偶「r が成り立たないならば q も成り立たない」を示すことができた．よって，もとの命題を証明できた．

問題 0.8 の別解（背理法を用いた解答）　「$1 \in P$」と「$k \in P \Rightarrow k+1 \in P$」が成り立つとする．背理法の仮定として，「すべての自然数は P に属する」が成り立たないとする．このとき P の補集合は空でないから，最小数の原理により，P の補集合に属する自然数のうち最小のものが存在する．それを m とする．

「$1 \in P$」だから m は 1 ではない．よって，ある自然数 k' を用いて $m=k'+1$ の形に書ける．m の最小性により，$k' \in P$．「$k \in P \Rightarrow k+1 \in P$」により $m \in P$ となり，矛盾する．

以上により，背理法によって，「すべての自然数は P に属する」という命題を証明できた．

第 1 章

問 1.1.1 の解　場合 1：r が成り立つとき．このとき，s を導ける．一方，t は導ける命題二つを「かつ」でつないだ形をしているので，t も導ける．つまり，s も t も成り立つから両者は同値である．

場合 2：r が成り立たないとき，s も t も $p \wedge q$ と同値である．よって，s と t は同値である．

以上により，s と t は同値である．

解説 次のような解答を書いて正解したつもりになっていないだろうか．

問 1.1.1 に対する誤った解答の書き出し 場合 1　r が成り立つとき．このとき，s も t も $p \wedge q$ と同値である．よって…（以下略）

ここで定義を思い出すと，s は「$(p \wedge q) \vee r$」，t は「$(p \vee r) \wedge (q \vee r)$」であった．したがって，上記「誤った解答の書き出し」にある「同値である」は誤りである．上のような誤った解答を書いてしまった人は，ひょっとして，1.1.9 項の解 2 をコピペ（copy and paste）するだけで満足してしまい，その後にすべきだった「本当にこれでいいのかな？」という自問自答を省いてしまったのではないだろうか．これがたまたま今回だけのケアレスミスならさておき，もしいままでにも同種の失敗に心当たりがあるなら，直すべき癖がないか振り返ってみよう．それがどういう癖かは人による．たとえば，人によっては，あたかも罰ゲームでヒキガエルにさわるときのように，顔をそむけながら腰が引けた姿勢で数学の問題に接する癖をもっているかもしれない．そういう人の場合，今後は，あたかも子うさぎをなでるときのように，優しい気持ちで問題に接してみよう．

問 1.1.2 の解 場合 $1 : p$ が成り立たないとき．$p \wedge q$ は成り立たないから s は成り立つ．また，$\neg p$ が成り立つから t は成り立つ．s も t も成り立つから，s と t は同値である．

場合 $2 : p$ が成り立つとき．s も t も $\neg q$ と同値だから，s と t は同値である．

以上により，s と t は同値である．

問 1.3.1 の解　(1) $\exists x\ \forall y\ \neg x = y^2$　**別解** $\exists x\ \forall y\ x \neq y^2$　(2) $\forall x\ \exists y\ x + y = 0$

問 1.3.2 の解　任意記号と存在記号を用いた冠頭形で p_8 を表すと「$\exists i\ \forall j\ a_i a_j \neq 1$」となる．これにド・モルガンの法則（存在命題の否定）を適用すると，$\neg p_8$ に同値な命題「$\forall i\ \neg \forall j\ a_i a_j \neq 1$」を得る．さらにド・モルガンの法則（任意命題の否定）を適用すると，同値な命題「$\forall i\ \exists j\ a_i a_j = 1$」を得る．これは p_1 である．**答**　p_1．

問 1.5.1 の解　「$Y = \operatorname{ran} f$」は「$\operatorname{ran} f \subset Y$ かつ $Y \subset \operatorname{ran} f$」と同値であるが，「$\operatorname{ran} f \subset Y$」はつねに成り立つ．よって「$Y = \operatorname{ran} f$」は「$Y \subset \operatorname{ran} f$」と同値である．これは「$\forall y\ (y \in Y \to y \in \operatorname{ran} f)$」と同値．よって「$\forall y \in Y\ y \in \operatorname{ran} f$」と同値である．ところが「$y \in \operatorname{ran} f$」は「$\exists x \in X\ y = f(x)$」と同値である．以上により，「$Y = \operatorname{ran} f$」は「$\forall y \in Y\ \exists x \in X\ y = f(x)$」と同値であるが，これは f が X から Y への全射であることの定義そのものである．

第 1 章の章末問題

──── A ────

問題 1.1 の解　(1) $\forall \varepsilon > 0\ \exists N \in \mathbb{N}\ \forall n \geq N\ |a_n - a| < \varepsilon$

(2) $\exists \varepsilon > 0\ \forall N \in \mathbb{N}\ \exists n \geq N\ |a_n - a| \geq \varepsilon$

問題 1.2 の解　(1) $\cos \theta$ は区間 $0 \leq \theta \leq \pi$ において 1 から -1 まで減少する連続関数である．よって，f_1 は $[0, \pi]$ から $[-1, 1]$ への単射であり，かつ，全射でもある．

(2) $\cos\theta$ は区間 $0 \le \theta \le \pi/2$ において 1 から 0 まで減少する連続関数である．よって f_2 は $[0,\pi/2]$ から $[-1,1]$ への単射である．一方，$\cos\theta = -1$ となる θ はこの区間にはないので，f_2 は $[0,\pi/2]$ から $[-1,1]$ への全射ではない．

(3) $\cos\theta$ は区間 $-\pi/2 \le \theta \le 0$ において 0 から 1 まで増加し，区間 $0 \le \theta \le \pi/2$ において 1 から 0 まで減少する連続関数である．よって確かに f_3 は $[-\pi/2,\pi/2]$ から $[0,1]$ への写像であり，しかも全射である．一方，$\cos(-\pi/2) = \cos(\pi/2) = 0 \in [0,1]$ だから，f_3 は $[-\pi/2,\pi/2]$ から $[0,1]$ への単射ではない．

―― B ――

問題 1.3 (1) の考え方 ベン図を描いて説明しようとした人は要注意である．p. 27, 例 0.4.2 参照のこと．

問題 1.3 の解 (1) $(X \cup Y \cup Z) \cap W = ((X \cup Y) \cup Z) \cap W$ である．ふつうの分配法則を使うと，(左辺)$= ((X \cup Y) \cap W) \cup (Z \cap W) = ((X \cap W) \cup (Y \cap W)) \cup (Z \cap W)$．これは問題の式の右辺に等しい．

(2) $(X \cap Y \cap Z) \cup W = ((X \cap Y) \cap Z) \cup W$ である．ふつうの分配法則を使うと，(左辺)$= ((X \cap Y) \cup W) \cap (Z \cup W) = ((X \cup W) \cap (Y \cup W)) \cap (Z \cup W)$．これは問題の式の右辺に等しい．

問題 1.4 の解 (1) 和集合演算の結合法則を用いると $X \cup Y \cup Z \cup W = (X \cup Y) \cup (Z \cup W)$ である．ふつうのドモルガンの法則を使うと $(X \cup Y \cup Z \cup W)^c = ((X \cup Y) \cup (Z \cup W))^c = (X \cup Y)^c \cap (Z \cup W)^c = (X^c \cap Y^c) \cap (Z^c \cap W^c)$．これは問題の式の右辺に等しい．

(2) 上の (1) で示した式における X, Y, Z, W それぞれに X^c, Y^c, Z^c, W^c を代入し，両辺の補集合をとることにより，問題の式を得る．

問題 1.5 の考え方 二つの集合 $f[A \cup B]$ と $f[A] \cup f[B]$ が等しいことを示すには，$f[A\cup B] \subset f[A]\cup f[B]$ かつ $f[A]\cup f[B] \subset f[A\cup B]$ を示せばよい．$f[A\cup B] \subset f[A]\cup f[B]$ を示すには，$x \in f[A\cup B] \Rightarrow x \in f[A]\cup f[B]$ を示せばよい．ここで，$x \in f[A\cup B]$ となるための必要十分条件，および $x \in f[A]\cup f[B]$ となるための必要十分条件は何か考えよ．

問題 1.5 の解 (1) $f[A\cup B] \subset f[A]\cup f[B]$ の証明．左辺の要素をとると，それは $f(a)$, ただし $a \in A \cup B$, と書ける．このとき $a \in A$ または $a \in B$ であるが，前者の場合 $f(a) \in f[A]$ だから $f(a) \in f[A]\cup f[B]$ であり，後者の場合 $f(a) \in f[B]$ となるから $f(a) \in f[A]\cup f[B]$ である．よって，$f(a) \in f[A]\cup f[B]$ が成り立つ．以上により，$f[A \cup B] \subset f[A]\cup f[B]$ である．

$f[A] \cup f[B] \subset f[A\cup B]$ の証明．左辺の要素 x をとると，それは $f[A]$ か $f[B]$ の少なくとも一方に属する．以下，$f[A]$ に属する場合を考えるが，もう一方の場合のやり方も同様である．$x = f(a)$, ただし $a \in A$ と書ける．ここで $a \in A\cup B$ となるから，$x \in f[A\cup B]$ である．以上により，$f[A]\cup f[B] \subset f[A\cup B]$ が成り立つ．

以上により，$f[A \cup B] = f[A] \cup f[B]$ が示された．

(2) $f[A\cap B]$ の要素をとると，それは $f(c)$, ただし $c \in A\cap B$, と書ける．$c \in A$ だから $f(c) \in f[A]$. また，$c \in B$ だから $f(c) \in f[B]$. よって $f(c) \in f[A] \cap f[B]$. 以上により，$f[A\cap B] \subset f[A] \cap f[B]$ が示された．

問題 1.6 の解　$f^{-1}[A \cap B] \subset f^{-1}[A] \cap f^{-1}[B]$ の証明．左辺の要素 x をとると，$f(x) \in A \cap B$ となる．$f(x) \in A$ より $x \in f^{-1}[A]$ であり，$f(x) \in B$ より $x \in f^{-1}[B]$ である．よって $x \in f^{-1}[A] \cap f^{-1}[B]$ が成り立つ．以上により，$f^{-1}[A \cap B] \subset f^{-1}[A] \cap f^{-1}[B]$ が示された．

$f^{-1}[A] \cap f^{-1}[B] \subset f^{-1}[A \cap B]$ の証明．左辺の要素 x をとると，$x \in f^{-1}[A]$ かつ $x \in f^{-1}[B]$ だから，$f(x) \in A$ かつ $f(x) \in B$ となる．よって $f(x) \in A \cap B$，したがって $x \in f^{-1}[A \cap B]$ が成り立つ．以上により，$f^{-1}[A] \cap f^{-1}[B] \subset f^{-1}[A \cap B]$ が示された．

以上により，$f^{-1}[A \cap B] = f^{-1}[A] \cap f^{-1}[B]$ が示された．

問題 1.7 の解　まず，f が X から Y への全単射であることを確認しておく．$x_1, x_2 \in X$ かつ $f(x_1) = f(x_2)$ のとき $g(f(x_1)) = g(f(x_2))$ であるが，$x_1 = \mathrm{id}_X(x) = (g \circ f)(x_1) = g(f(x_1))$，同様に $x_2 = g(f(x_2))$ なので $x_1 = x_2$ となる．以上により $f(x_1) = f(x_2) \Rightarrow x_1 = x_2$ がわかった．ゆえに f は X から Y への単射である．また，Y の要素 y に対し，$x = g(y)$ とおくとこれは X の要素であり，$f(x) = f(g(y)) = (f \circ g)(y) = \mathrm{id}_Y(y) = y$ となる．よって，f は X から Y への全射である．以上により，f は X から Y への全単射である．

よって f は逆写像 $f^{-1}: Y \to X$ をもち，$g = g \circ \mathrm{id}_Y = g \circ (f \circ f^{-1})$ である．合成写像の結合法則を用いると，(最後の式) $= (g \circ f) \circ f^{-1} = \mathrm{id}_X \circ f^{-1} = f^{-1}$，よって $g = f^{-1}$ である．

問題 1.8 の解　(1) $x_1, x_2 \in X$ かつ $(g \circ f)(x_1) = (g \circ f)(x_2)$ となるとき，$g(f(x_1)) = g(f(x_2))$．g が単射なので $f(x_1) = f(x_2)$．f が単射なので $x_1 = x_2$．以上により，任意の $x_1, x_2 \in X$ に対して $(g \circ f)(x_1) = (g \circ f)(x_2) \to x_1 = x_2$ が成り立つ．よって $g \circ f$ は X から Z への単射である．

(2) $z \in Z$ とすると，g が全射だから Y の要素 y で $g(y) = z$ となるものがある．f が全射だから X の要素 x で $f(x) = y$ となるものがある．このとき，$(g \circ f)(x) = g(f(x)) = g(y) = z$ である．以上により，任意の $z \in Z$ に対して $\exists x \in X \; (g \circ f)(x) = z$ が成り立つ．よって，$g \circ f$ は X から Z への全射である．

(3) 上の (1) と (2) で示したことから，合成写像 $g \circ f$ は X から Z への全単射である．合成写像の結合法則を用いると，$(f^{-1} \circ g^{-1}) \circ (g \circ f) = (f^{-1} \circ (g^{-1} \circ g)) \circ f = (f^{-1} \circ \mathrm{id}_Y) \circ f = f^{-1} \circ f = \mathrm{id}_X$．よって $(f^{-1} \circ g^{-1}) \circ (g \circ f) = \mathrm{id}_X$．また同様にして $(g \circ f) \circ (f^{-1} \circ g^{-1}) = \mathrm{id}_Z$．よって，問題 1.7 により，$f^{-1} \circ g^{-1} = (g \circ f)^{-1}$ である．

問題 1.8 (3) の別解　上の (1) と (2) で示したことから，合成写像 $g \circ f$ は X から Z への全単射である．逆写像 $(g \circ f)^{-1}$ は Z から X への関数であり，また $f^{-1} \circ g^{-1}$ も Z から X への関数である．

$x = (g \circ f)^{-1}(z)$ となる必要十分条件は $(g \circ f)(x) = z$ であり，これは $g(f(x)) = z$ と同値である．ここで $f(x)$ をひとかたまりだと思うと，$g(f(x)) = z$ は $g^{-1}(z) = f(x)$ と同値である．$g^{-1}(z)$ をひとかたまりだと思うと，$g^{-1}(z) = f(x)$ は $f^{-1}(g^{-1}(z)) = x$ と同値であり，これは $(f^{-1} \circ g^{-1})(z) = x$ と同値である．以上により，任意の $z \in Z$ に対して $(g \circ f)^{-1}(z) = (f^{-1} \circ g^{-1})(z)$ であることがわかった．

定義域が一致し，定義域の各要素に対して同じ値を返すので，二つの写像 $(g \circ f)^{-1}$ と

$f^{-1} \circ g^{-1}$ は等しい.

———C———

第1章以降では，0も自然数として扱う.

問題 1.9 の解 自然数 n についての帰納法によって「Z_n からその真部分集合への単射は存在しない」という命題を示す.

$n = 0$ の場合. Z_0 は空集合だから真部分集合をもたない. よって，Z_0 からその真部分集合への写像は存在せず，もちろん単射も存在しない.

念のため $n = 1$ の場合もみる. $Z_1 = \{0\}$ だから，その真部分集合は $\emptyset$ のみである. 0 の行き先が定まらないから，Z_1 から $\emptyset$ への写像はない. よって単射もない.

帰納ステップとして，Z_k からその真部分集合への単射が存在しないと仮定する ($k \geq 1$). Z_{k+1} からその真部分集合への単射が存在しないことを示したい. 写像 $f: Z_{k+1} \to Z_k$ が与えられたとして，これが単射でないことを示せば十分である. 制限写像 $f\restriction Z_k: Z_k \to Z_k$ を考える. 場合1: もしこの制限写像の値域が Z_k の真部分集合である場合は，帰納法の仮定により，この制限写像が単射でないことになり，このときもとの写像 f ももちろん単射でないことになる. 場合2: そうでない場合は，このとき制限写像の値域は Z_k に等しい. そこで Z_k の要素である $f(k)$ に注目すると，ある $m \in Z_k$ があって $f(m) = f(k)$ となる. $m \in Z_k$ だから $m < k$ であり，よってもとの写像 f は単射ではない. 以上二つの場合の考察により，Z_{k+1} からその真部分集合への単射は存在しない.

以上により，任意の自然数 n に対し，Z_n からその真部分集合への単射は存在しない.

問題 1.10 の解 自然数 n についての帰納法によって「Z_n の真部分集合から Z_n への全射は存在しない」という命題を示す.

$n = 0$ の場合. Z_0 は空集合だから真部分集合をもたない. よって，Z_0 の真部分集合から Z_0 への写像は存在せず，もちろん全射も存在しない.

念のため $n = 1$ の場合もみる. $Z_1 = \{0\}$ だから，その真部分集合は $\emptyset$ のみである. $f(x) = 0$ となる x が定まらないから，$\emptyset$ から Z_1 への全射はない.

帰納ステップとして，Z_k の真部分集合から Z_k への全射が存在しないと仮定する ($k \geq 1$). Z_{k+1} の真部分集合から Z_{k+1} への全射が存在しないことを示したい. 写像 $f: Z_k \to Z_{k+1}$ が与えられたとして，これが全射でないことを示せば十分である. Z_k の逆像 $f^{-1}[Z_k]$ を B とおき，制限写像 $f\restriction B: B \to Z_k$ を考える. 場合1: もしこの制限写像が B から Z_k への全射でないときは，ある $m \in Z_k$ があってすべての $x \in B$ に対して $f(x) \neq m$ となるが，B の定義により実はすべての $x \in Z_k$ に対して $f(x) \neq m$ となる. よって，このときもとの写像 f は Z_k から Z_{k+1} への全射でない. 場合2: そうでない場合. このとき制限写像は B から Z_k への全射である. 帰納法の仮定により，$B = Z_k$ でなければならない. したがって f による Z_k の像は Z_k になってしまい，Z_{k+1} でないから，もとの写像 f は Z_k から Z_{k+1} への全射でない. 以上二つの場合の考察により，Z_{k+1} の真部分集合から Z_{k+1} への全射は存在しない.

以上により，任意の自然数 n に対し，Z_n の真部分集合から Z_n への全射は存在しない.

問題 1.11 の解 f の値域 $\mathrm{ran}\, f$ を B とおく. B の各要素 y に対し，$f(x) = y$ となる最小の x を $g(y)$ と定めることにより，$g: B \to Z_n$ を定義する（図 k.1）.

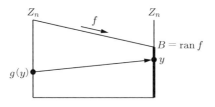

図 k.1 写像 f, g と集合 B

まず，f が単射ならば全射であることを示そう．f が Z_n から Z_n への単射であるとき，g は B から Z_n への全射である（証明：Z_n の要素 x が与えられたとき，$y = f(x)$ とおく．f が単射であることから，x は $f(w) = y$ をみたす最小の w であり，したがって $g(y) = x$ である）．よって問題 1.10 により，$B = Z_n$ である．これは $\mathrm{ran}\, f = Z_n$ を意味するから，f は Z_n から Z_n への全射である．

次に，f が全射ならば単射であることを示そう．g は B から $\mathrm{ran}\, g$ への単射であることに注意しよう．f が Z_n から Z_n への全射であるとき，$B = \mathrm{ran}\, f = Z_n$ であるから，g は Z_n から $\mathrm{ran}\, g$ への単射である．よって問題 1.9 により，$\mathrm{ran}\, g = Z_n$ である．そこで Z_n の任意の要素 x_1, x_2 を考えると，x_1 は $f(w_1) = f(x_1)$ となる最小の $w \in Z_n$ である（証明：$x_1 \in \mathrm{ran}\, g$ であるから，ある $y \in Z_n$ があって $g(y) = x_1$ となる．g の定義により，$f(w) = y$ となる最小の $w \in Z_n$ が x_1 に等しい．とくに $f(x_1) = y$ が成り立つから，$f(w) = f(x_1)$ となる最小の w が x_1 に等しい）．

同様に，x_2 は $f(w) = f(x_2)$ となる最小の $w \in Z_n$ である．ゆえに $f(x_1) = f(x_2) \to x_1 = x_2$ が成り立ち，f は Z_n から Z_n への単射である．

以上により，「f が Z_n から Z_n への単射である」と「f が Z_n から Z_n への全射である」は同値である．

解説 問題 1.9, 1.10 および 1.11 の結論は，任意の集合 A と写像 $f: A \to A$ に対して一般化できない．たとえば関数 $y = 2x$ を用いることにより，整数全体の集合 $\mathbb{Z}$ から，その真部分集合である偶数全体の集合への単射を作ることができる．また関数 $y = x/2$ を用いることにより，偶数全体の集合から $\mathbb{Z}$ への全射を作ることができる．また，$\mathbb{Z}$ から $\mathbb{Z}$ への関数 $y = 2x$ は単射であるが全射でない．$\mathbb{Z}$ から $\mathbb{Z}$ への関数として，x に対し $x/2$ 以下の最大の整数を対応させるものを考えると，これは全射であるが単射でない．問題 1.9, 1.10 および 1.11 の結論は有限集合の世界に特有の法則であり，有限集合についての議論でよく用いられる．とくに問題 1.9 の結論は pigeonhole principle（ひきだし論法，鳩の巣原理）とよばれるものの一種である．

問題 1.12 の考え方 迷路を出口から逆にたどること（1.1.7 項）．$\neg q \to \neg p$ を導くには，$\neg q$ から $\neg p$ を導けばよい．$\neg q$ から $\neg p$ を導くには，$\neg q, p$ から矛盾を導けばよい．$\neg q, p$ から矛盾を導くには，$\neg q, p$ から q を導けばよい．本問 (1) において，$p \to q$ は最後まで解消されない仮定として残ってよい．

問題 1.12 の解 (1) $p \to q, \neg q, p$ から矛盾を導ける（証明：$p \to q$ と p に「ならば」の除去を適用して q を導ける．この q と，仮定としておかれている $\neg q$ に否定の除去を導入して矛盾を導ける）．

ゆえに，否定の導入により $p \to q, \neg q$ から $\neg p$ を導ける（ここで仮定 p は解消された）．よって，「ならば」の導入により $p \to q$ から $\neg q \to \neg p$ を導ける（ここで仮定 $\neg q$ は解消された）．

(2) $\neg q \to \neg p, p, \neg q$ から矛盾を導ける（証明：$\neg q \to \neg p$ と $\neg q$ に「ならば」の除去を適用して $\neg p$ を導ける．この $\neg p$ と，仮定としておかれている p に否定の除去を導入して矛盾を導ける）．

ゆえに，背理法により $\neg q \to \neg p, p$ から q を導ける（ここで仮定 $\neg q$ は解消された）．よって，「ならば」の導入により $\neg q \to \neg p$ から $p \to q$ を導ける（ここで仮定 p は解消された）．

第2章

問 2.1.1 (1) の考え方　二つの集合 X, Y が等しくないことを示すには，X が Y の部分集合でないことを示せばよい．あるいは，Y が X の部分集合でないことを示してもよい．

問 2.1.1 の解　(1) X が Y の部分集合でないことを示せば十分である．$((0,0),0)$ の第1成分 $(0,0)$ は $\mathbb{R} \times \mathbb{R}$ に属し，第2成分 0 は $\mathbb{R}$ に属するから，$((0,0),0)$ は $X = (\mathbb{R} \times \mathbb{R}) \times \mathbb{R}$ に属する．一方，$((0,0),0)$ の第1成分 $(0,0)$ は $\mathbb{R}$ に属さないから，$((0,0),0)$ は $Y = \mathbb{R} \times (\mathbb{R} \times \mathbb{R})$ に属さない．以上により，$((0,0),0)$ は X に属するが Y には属さない．したがって，X は Y の部分集合ではなく，よって X と Y は集合として等しくない．

(2) X から Y への関係 R を $R = \{(((a,b),c),(a,(b,c))) \mid a,b,c \in \mathbb{R}\}$ と定める．

R が写像であることの証明：X の要素 x が与えられたとする．このとき，$x = ((a,b),c)$，ただし $a,b,c \in \mathbb{R}$，と書ける．順序対の性質により，(a,b) と c は x に依存して一通りに決まる．再び順序対の性質により，a と b も一通りに決まる．よって，$y = (a,(b,c))$ となる $y \in Y$ も一通りに決まる．以上により，各 $x \in X$ に対して $R(x,y)$ となる $y \in Y$ がちょうど一つ存在する．よって，R は X から Y への写像である．

R が全単射であることの証明：Y の要素 y をとると，上の「R が写像であることの証明」と同様にして $R(x,y)$ となる $x \in X$ がちょうど一つ存在することがわかる．よって，R は X から Y への全単射である．

解説　$X = (\mathbb{R} \times \mathbb{R}) \times \mathbb{R}$ と $Y = \mathbb{R} \times (\mathbb{R} \times \mathbb{R})$ は集合としては等しくないが，これらの間には $((a,b),c) \mapsto (a,(b,c))$ という自然な全単射があるので，X と Y はほとんど同じようなものだといえる．文脈によっては X と Y を同一視しても実害はない．

問 2.3.1 の解　(1) $\equiv_R$ が反射律をみたすことの証明：x が X の要素だとすると，R の反射律により $xRx \wedge xRx$ が成り立つ．よって，$x \equiv_R x$ が成り立つ．

$\equiv_R$ が対称律をみたすことの証明：$x \equiv_R y$ が成り立つとする．このとき $xRy \wedge yRx$ が成り立つから $yRx \wedge xRy$ が成り立つ．よって，$y \equiv_R x$ が成り立つ．

$\equiv_R$ が推移律をみたすことの証明：$x \equiv_R y \wedge y \equiv_R z$ が成り立つとする．このとき $xRy \wedge yRx$ と $yRz \wedge zRy$ が成り立つ．xRy, yRz と R の推移律により xRz が成り立つ．同様にして zRx が成り立つ．よって，$x \equiv_R z$ が成り立つ．

以上により，$\equiv_R$ は反射律，対称律，推移律をみたす．よって，$\equiv_R$ は X 上の同値関係である．

(2) $R\!\restriction\!C$ が反射律をみたすことの証明：x が C の要素だとすると，R の反射律により

xRx が成り立つ．よって，$x(R\lceil C)x$ が成り立つ．

$R\lceil C$ が反対称律をみたすことの証明：C の要素 x, y に対して $x(R\lceil C)y \wedge y(R\lceil C)x$ とする．このとき，$xRy \wedge yRx$ が成り立つから $x \equiv_R y$ である．よって，x も y も，ともに y の同値類と C の共通部分 $[y]_{\equiv_R} \cap C$ に属する．ところが C は代表系なので，$[y]_{\equiv_R} \cap C$ は要素を一つだけもつ．したがって，$x = y$ である．以上により，$x(R\lceil C)y \wedge y(R\lceil C)x \Rightarrow x = y$ が示された．

$R\lceil C$ が推移律をみたすことは，R の推移律によってただちに証明される．

以上により，$R\lceil C$ は反射律，反対称律，推移律をみたす．よって，$R\lceil C$ は C 上の順序関係である．

問 2.3.2 の解　極大元は 10 と 15．極小元は 2 と 15．二つの極大元 10 と 15 は比較不能だから，最大元はない．二つの極小元 2 と 15 も比較不能だから，最小元もない．上界は 10 と 15 のどちらよりも以上なものだから 30 のみ．下界は 2 と 15 のどちらよりも以下なものだから 1 のみ．上限は 30 で，下限は 1 である（図 k.2）．

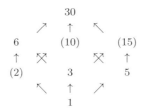

図 k.2　X の順序関係 R.
括弧内が B の要素である．

第 2 章の章末問題

——— A ———

問題 2.1 の考え方　二つの集合が等しいことを示すには，互いに相手の部分集合であることを示せばよい．

問題 2.1 の解　(1) 左辺 $X \times (Y \cup Z)$ の要素は (x, y)（ただし $x \in X \wedge y \in Y \cup Z$）と書ける．$y \in Y$ の場合は $(x, y) \in X \times Y$ となる．そうでない場合，$y \in Z$ だから $(x, y) \in X \times Z$ となる．以上により，(x, y) は右辺 $(X \times Y) \cup (X \times Z)$ に属する．したがって，左辺は右辺の部分集合である．

また，$X \times Y$, $X \times Z$ はいずれも左辺 $X \times (Y \cup Z)$ の部分集合だから，右辺 $(X \times Y) \cup (X \times Z)$ は左辺の部分集合である．

以上により，左辺と右辺は互いに相手の部分集合だから，等しい．

(2) 左辺 $X \times (Y \cap Z)$ は，$X \times Y$ の部分集合であると同時に $X \times Z$ の部分集合でもある．よって，左辺は右辺 $(X \times Y) \cap (X \times Z)$ の部分集合である．

また，右辺の任意の要素は (x, y)（ただし $(x, y) \in X \times Y \wedge (x, y) \in X \times Z$）と書ける．

$(x, y) \in X \times Y$ より $x \in X \wedge y \in Y$ であり，また $(x, y) \in X \times Z$ より $x \in X \wedge y \in Z$ である．よって，$x \in X \wedge y \in Y \cap Z$ が成り立ち，したがって，(x, y) は左辺 $X \times (Y \cap Z)$ に属する．よって，右辺は左辺の部分集合である．

以上により，左辺と右辺は互いに相手の部分集合だから，等しい．

問題 2.2 の解 R が反射律をみたすことの証明：X の任意の要素 x に対して，$f(x) = f(x)$ だから xRx が成り立つ．

R が対称律をみたすことの証明：X の要素 x, y が xRy をみたすとする．このとき，$f(x) = f(y)$ だから $f(y) = f(x)$．よって，yRx が成り立つ．

R が推移律をみたすことの証明：X の要素 x, y, z が $xRy \wedge yRz$ をみたすとする．このとき，$f(x) = f(y) \wedge f(y) = f(z)$ だから $f(x) = f(z)$．よって xRz が成り立つ．

以上で反射律，対称律，推移律を示せたから，R は X 上の同値関係である．

解説 問題 2.2 において $X = \mathbb{Z}, Y = \{0, 1, 2\}$，$f : X \to Y; n \mapsto (n \text{ を } 3 \text{ で割った余り})$，とすると，$R$ は例題 2.2.1 で考えた同値関係「$x \equiv y \mod 3$」と一致する．

問題 2.3 の解 R が反射律をみたすことの証明：X の任意の要素 x に対して，$1x = x$ だから xRx が成り立つ．

R が対称律をみたすことの証明：X の要素 x, y が xRy をみたすとする．このときある有理数 q が存在して $qx = y$ となる．$y \neq 0$ だから $q \neq 0$．よって $1/q$ が存在し，これも有理数である．そして，$x = (1/q)y$ であるから yRx が成り立つ．

R が推移律をみたすことの証明：X の要素 x, y, z が $xRy \wedge yRz$ をみたすとする．このとき，有理数 q, r が存在して $qx = y \wedge ry = z$ となる．rq も有理数で $(rq)x = z$ であるから，xRz が成り立つ．

以上で反射律，対称律，推移律を示せたから，R は X 上の同値関係である．

問題 2.4 の解 R^{-1} が反射律をみたすことの証明：X の任意の要素 x に対して，R の反射律により xRx が成り立つ．よって，$xR^{-1}x$ が成り立つ．

R^{-1} が反対称律をみたすことの証明：X の要素 x, y が $xR^{-1}y \wedge yR^{-1}x$ をみたすとき，$yRx \wedge xRy$ が成り立つ．すると，R の反対称律により $x = y$ が成り立つ．

R^{-1} が推移律をみたすことの証明：X の要素 x, y, z が $xR^{-1}y \wedge yR^{-1}z$ をみたすとする．このとき，$zRy \wedge yRx$ だから，R の推移律により zRx が成り立つ．よって，$xR^{-1}z$ が成り立つ．

以上で反射律，反対称律，推移律を示せたから，R^{-1} は X 上の順序関係である．

——— B ———

問題 2.5 の解 $[0]_R = \{0, 3, 6, 9\}$，$[1]_R = \{1, 4, 7, 10\}$，$[2]_R = \{2, 5, 8\}$ であり，$X = [0]_R \cup [1]_R \cup [2]_R$ が成り立つ．代表系は $[0]_R, [1]_R, [2]_R$ のそれぞれからちょうど一つずつ要素を取り出してできる集合であるから，その作り方は $4 \times 4 \times 3 = 48$ 通りある． **答** 48 通り．

問題 2.6 の考え方 m が X の唯一の極大値であることを示すには，(i) m は X の極大値である，(ii) m' が X の極大値ならば $m = m'$（見かけ上，二つあったとしても実は一

つ）の両方を示せばよい．「m が X の極大値である」ことを示すには，「俺様（m）以上の者は俺様だけ」が成り立つことを確認すればよい．

問題 2.6 の解 m が X の極大値であることの証明：X の要素 x が mRx をみたすとする．m は X の最大値であるから xRm となり，反対称律により $m = x$．以上により $mRx \Rightarrow m = x$ が示されたから，m は X の極大値である．

X の極大値は m に限ることの証明：m' が X の極大値であるとする．m は X の最大値であるから $m'Rm$ となる．このとき m' が X の極大値だから $m = m'$ となる．

以上により，m は X の唯一の極大値である．

解説 問題 2.6 の結果から，m が X の唯一の最大値であることもわかる．なぜなら，もし m' も最大値ならそれも唯一の極大値なので，$m = m'$ となるからである．

―― C ――

問題 2.7 の解 (1) $X \cup (Y \times Z)$ と $(X \cup Y) \times (X \cup Z)$ が等しくなる X, Y, Z の例：$X = Y = Z = \emptyset$ とおくと，$\emptyset \times \emptyset = \emptyset$ だから $X \cup (Y \times Z) = \emptyset \cup \emptyset = \emptyset = (X \cup Y) \times (X \cup Z)$ が成り立つ．

$X \cup (Y \times Z)$ と $(X \cup Y) \times (X \cup Z)$ が等しくならない X, Y, Z の例：$X = Y = Z = \{0\}$ とおくと，$\{0\} \times \{0\} = \{(0,0)\}$ だから $X \cup (Y \times Z) = \{0\} \cup \{(0,0)\} = \{0, (0,0)\}$．一方 $(X \cup Y) \times (X \cup Z) = \{0\} \times \{0\} = \{(0,0)\}$．$0$ は $X \cup (Y \times Z)$ に属するが $(X \cup Y) \times (X \cup Z)$ に属さない．よって，$X \cup (Y \times Z)$ と $(X \cup Y) \times (X \cup Z)$ は等しくない．

(2) $X \cap (Y \times Z)$ と $(X \cap Y) \times (X \cap Z)$ が等しくなる X, Y, Z の例：$X = Y = Z = \emptyset$ とおくと，$\emptyset \times \emptyset = \emptyset$ だから $X \cap (Y \times Z) = \emptyset \cap \emptyset = \emptyset = (X \cap Y) \times (X \cap Z)$ が成り立つ．

$X \cap (Y \times Z)$ と $(X \cap Y) \times (X \cap Z)$ が等しくならない X, Y, Z の例：$X = Y = Z = \{\emptyset\}$ とおくと，$\{\emptyset\} \times \{\emptyset\} = \{(\emptyset, \emptyset)\}$ だから $X \cap (Y \times Z) = \{\emptyset\} \cap \{(\emptyset, \emptyset)\} = \emptyset$．最後の等号は，空集合が順序対でないことによる．一方，$(X \cap Y) \times (X \cap Z) = \{\emptyset\} \times \{\emptyset\} = \{(\emptyset, \emptyset)\}$．これは $\emptyset$ ではないから，$X \cap (Y \times Z)$ と $(X \cap Y) \times (X \cap Z)$ は等しくない．

第 3 章

問 3.2.1 の解 A, B が可算無限集合だから，全単射 $h_1 : A \to \mathbb{N}$ および全単射 $h_2 : B \to \mathbb{N}$ が存在する．ここで，写像 $h_3 : A \times B \to \mathbb{N}^2; (a, b) \mapsto (h_1(a), h_2(b))$ を考える．h_1, h_2 が全射であることから h_3 が全射であるとわかる．また，$(h_1(a), h_2(b)) = (h_1(c), h_2(d))$ のとき，順序対の等号に関する約束から $h_1(a) = h_1(c)$ かつ $h_2(b) = h_2(d)$ となるが，h_1, h_2 が単射であることから $a = c$ かつ $b = d$ となる．よって，h_3 は単射でもあり，ゆえに全単射である．

ところで，例題 3.2.3 により全単射 $g : \mathbb{N}^2 \to \mathbb{N}$ が存在する．このとき，合成写像 $g \circ h_3 : A \times B \to \mathbb{N}; (a, b) \mapsto g(h_1(a), h_2(a))$ は全単射である．以上により，$A \times B$ は可算無限集合である．

問 3.2.2 の解 (1) A は有限集合で，B は可算無限集合であるとする．$A \subset B$ の場合，$A \cup B$ は B に等しいから可算無限集合である．

そうでない場合は $A - B \neq \emptyset$ である．そこで，$A - B$ の要素の個数を a とすると $a > 0$

である．このとき，$\{n \in \mathbb{N} \mid 0 \leq n < a\}$ から $A - B$ への全単射 f が存在し，かつ，$\mathbb{N}$ から B への全単射 g が存在する．$h : \mathbb{N} \to A \cup B$ を以下のように定める．

$$h(n) = \begin{cases} f(n) & (n < a \text{ のとき}) \\ g(n - a) & (\text{そうでないとき}) \end{cases}$$

すると，h は $\mathbb{N}$ から $(A - B) \cup B$ への全単射であるが，$(A - B) \cup B = A \cup B$ であるから，h は $\mathbb{N}$ から $A \cup B$ への全単射である．よって，$A \cup B$ は可算無限集合である．

(2) A, B は可算無限集合であるとする．$A - B$ が有限集合である場合は上の小問 (1) に帰着する．そうでない場合は（$A - B$ を新たな A と思えば），$A \cap B = \emptyset$ の場合に帰着する．そこで，以下では $A \cap B = \emptyset$ の場合について考える．

$\mathbb{N}$ から A への全単射 f と，$\mathbb{N}$ から B への全単射 g をとる．$h : \mathbb{N} \to A \cup B$ を以下のように定める．

$$h(n) = \begin{cases} f(n/2) & (n \text{ が偶数のとき}) \\ g((n-1)/2) & (\text{そうでないとき}) \end{cases}$$

すると，$A \cap B = \emptyset$ という仮定により，h は $\mathbb{N}$ から $A \cup B$ への全単射である．よって，$A \cup B$ は可算無限集合である．

問 3.2.3 の略解 まず対応 $x \mapsto x$ により，$\mathbb{R} - \mathbb{Q}$ から $\mathbb{R}$ への単射が得られる．あとは，$\mathbb{R}$ から $\mathbb{R} - \mathbb{Q}$ への単射があることさえ示せば，ベルンシュタインの定理によって $\mathbb{R} - \mathbb{Q}$ から $\mathbb{R}$ への全単射があることが示される．

以下で $\mathbb{R}$ から $\mathbb{R} - \mathbb{Q}$ への単射があることを示そう．まず，$\mathbb{R}$ から開区間 $(0, 1)$ への全単射を f_1 とする．定理 3.2.2 の証明中の主張 1 により，このような f_1 は確かに存在する．そこで，実数 x の関数 $f_2(x)$ を以下のように定める．

$$f_2(x) = \begin{cases} f_1(x) & (f_1(x) \text{ が無理数のとき}) \\ -f_1(x)\sqrt{2} & (f_1(x) \text{ が有理数のとき}) \end{cases}$$

すると，$f_1(x)$ が必ず正であることと $\sqrt{2}$ が無理数であることにより，f_2 が $\mathbb{R}$ から $\mathbb{R} - \mathbb{Q}$ への単射であることが示される．

第3章の章末問題

——A——

問題 3.1 の解 A_1 から A_2 への全単射 f_A と，B_1 から B_2 への全単射 f_B をとる．

(1) $g_1 : A_1 \times B_1 \to A_2 \times B_2; (a, b) \mapsto (f_A(a), f_B(b))$ とする．また，$g_2 : A_2 \times B_2 \to A_1 \times B_1; (c, d) \mapsto (f_A^{-1}(c), f_B^{-1}(d))$ とする．

すると，$g_2 \circ g_1$ は $A_1 \times B_1$ 上の恒等写像であり，$g_1 \circ g_2$ は $A_2 \times B_2$ 上の恒等写像である．よって，問題 1.7 により，g_1 は $A_1 \times B_1$ から $A_2 \times B_2$ への全単射である．ゆえに，$A_1 \times B_1$ は $A_2 \times B_2$ と濃度が等しい．

(2) A_1 から B_1 への写像全体の集合を $\mathcal{F}_1$，A_2 から B_2 への写像全体の集合を $\mathcal{F}_2$ で表そう．$\mathcal{F}_1$ の要素 f_1 が与えられたとき，$f_B \circ f_1 \circ f_A^{-1}$ を $G_1(f_1)$ と表すと，$G_1(f_1) : A_2 \to B_2$

であり，よって $G_1(f_1) \in \mathcal{F}_2$ である．したがって，$G_1 : \mathcal{F}_1 \to \mathcal{F}_2$ である．同様に，$f_2 \in \mathcal{F}_2$ に対して $f_B^{-1} \circ f_2 \circ f_A$ を $G_2(f_2)$ と表すと，$G_2 : \mathcal{F}_2 \to \mathcal{F}_1$ である．

すると $G_2 \circ G_1$ は $\mathcal{F}_1$ 上の恒等写像であり，$G_1 \circ G_2$ は $\mathcal{F}_2$ 上の恒等写像である．よって，問題 1.7 により，G_1 は $\mathcal{F}_1$ から $\mathcal{F}_2$ への全単射である．ゆえに，$\mathcal{F}_1$ は $\mathcal{F}_2$ と濃度が等しい．

問題 3.1 の別解 A_1 から A_2 への全単射 f_A と，B_1 から B_2 への全単射 f_B をとる．

(1) $g : A_1 \times B_1 \to A_2 \times B_2; (a,b) \mapsto (f_A(a), f_B(b))$ とする．

g が全射であることは，f_A と f_B が全射であることからただちに導かれる．

g が単射であることを示そう．$g(a,b) = g(c,d)$ と仮定する．すると，$(f_A(a), f_B(b)) = (f_A(c), f_B(d))$．順序対の等号に関する約束により，$f_A(a) = f_A(c)$ かつ $f_B(b) = f_B(d)$．f_A と f_B が単射であることから，$a = c$ かつ $b = d$．よって，$(a,b) = (c,d)$．以上により，$g(a,b) = g(c,d) \Rightarrow (a,b) = (c,d)$ が示されたから，g は単射である．

以上により，g は $A_1 \times B_1$ から $A_2 \times B_2$ への全単射である．よって，$A_1 \times B_1$ は $A_2 \times B_2$ と濃度が等しい．

(2) A_1 から B_1 への写像全体の集合を $\mathcal{F}_1$，A_2 から B_2 への写像全体の集合を $\mathcal{F}_2$ で表そう．$\mathcal{F}_1$ の要素 f_1 が与えられたとき，$f_B \circ f_1 \circ f_A^{-1}$ を $G(f_1)$ と表すと，$G(f_1) : A_2 \to B_2$ であり，よって $G(f_1) \in \mathcal{F}_2$ である．したがって，$G : \mathcal{F}_1 \to \mathcal{F}_2$ である．

G が全射であることの証明：$\mathcal{F}_2$ の要素 f_2 が与えられたとする．$f_1 = f_B^{-1} \circ f_2 \circ f_A$ とおくと，$G(f_1) = f_B \circ f_1 \circ f_A^{-1} = f_B \circ (f_B^{-1} \circ f_2 \circ f_A) \circ f_A^{-1} = (f_B \circ f_B^{-1}) \circ f_2 \circ (f_A \circ f_A^{-1}) = f_2$．よって，$G$ は全射である．

G が単射であることの証明：f_0, f_1 は $\mathcal{F}_1$ の要素で，$G(f_0) = G(f_1)$ が成り立つとする．このとき，$f_B^{-1} \circ G(f_0) \circ f_A = f_B^{-1} \circ G(f_1) \circ f_A$ が成り立つから，$f_B^{-1} \circ (f_B \circ f_0 \circ f_A^{-1}) \circ f_A = f_B^{-1} \circ (f_B \circ f_1 \circ f_A^{-1}) \circ f_A$ が成り立ち，したがって $f_0 = f_1$ を得る．$G(f_0) = G(f_1) \Rightarrow f_0 = f_1$ が示されたから，G は単射である．

以上により，G は $\mathcal{F}_1$ から $\mathcal{F}_2$ への全単射である．よって，$\mathcal{F}_1$ は $\mathcal{F}_2$ と濃度が等しい．

問題 3.2 の略解 $f : 2^{\mathbb{N}} \times 2^{\mathbb{N}} \to 2^{\mathbb{N}}; (A, B) \mapsto \{2n \mid n \in A\} \cup \{2n+1 \mid n \in B\}$ とする．f が $2^{\mathbb{N}} \times 2^{\mathbb{N}}$ から $2^{\mathbb{N}}$ への全単射であることが容易にわかるから，$2^{\mathbb{N}} \times 2^{\mathbb{N}}$ は $2^{\mathbb{N}}$ と濃度が等しい．

問題 3.3 の解 $\sim$ が反射律をみたすことの証明：$\forall n \in \mathbb{N}\ f(n) \leq 1 \cdot f(n) + 1$ が成り立つから $f \sim f$ が成り立つ．

$\sim$ が対称律をみたすことはただちにわかる．

$\sim$ が推移律をみたすことの証明：$f \sim g$ と $g \sim h$ が成り立つとする．このとき「正の整数 a, b, c, d が存在して $\forall n \in \mathbb{N}\ f(n) \leq ag(n) + b$ かつ $\forall n \in \mathbb{N}\ g(n) \leq cf(n) + d$」が成り立ち，かつ「正の整数 s, t, u, v が存在して $\forall n \in \mathbb{N}\ g(n) \leq sh(n) + t$ かつ $\forall n \in \mathbb{N}\ h(n) \leq ug(n) + v$」が成り立つ．

すると，$f(n) \leq a(sh(n) + t) + b = ash(n) + (at + b)$ かつ $h(n) \leq u(cf(n) + d) + v = ucf(n) + (ud + v)$ が成り立つので，$f \sim h$ が成り立つ．以上により，$f \sim g$ かつ $g \sim h \Rightarrow f \sim h$ が成り立つ．

反射律，対称律，推移律をみたすから，$\sim$ は同値関係である．

―― B ――

問題 3.4 の解 $n = 3, 4$ に対して L_n, R_n を次のように定める.

$$L_n = \left| \bigcup_{i=1}^{n} A_i \right|$$

$$R_3 = \sum_{i=1}^{3} |A_i| - \sum_{1 \leq i < j \leq 3} |A_i \cap A_j| + |A_1 \cap A_2 \cap A_3|$$

$$R_4 = \sum_{i=1}^{4} |A_i| - \sum_{1 \leq i < j \leq 4} |A_i \cap A_j| + \sum_{1 \leq i < j < k \leq 4} |A_i \cap A_j \cap A_k| - |A_1 \cap A_2 \cap A_3 \cap A_4|$$

示したいことは $L_4 = R_4$ である.そこで,$i = 1, 2, 3$ に対して $B_i = A_i \cap A_4$ とおき,$B_4 = A_4 - \bigcup_{i=1}^{3} A_i$ とおく.すると,以下が成り立つ.式 (k.1) 右側の等号は例題 3.2.1 による.

$$L_4 = L_3 + |B_4| = R_3 + |B_4| \qquad (k.1)$$

$$A_4 = B_4 \cup (B_1 \cup B_2 \cup B_3), \quad B_4 \cap (B_1 \cup B_2 \cup B_3) = \emptyset \qquad (k.2)$$

すると,R_3 と R_4 の間に以下の関係が成り立つ.

$R_4 - R_3$

$= |A_4| - \sum_{i=1}^{3} |A_i \cap A_4| + \sum_{1 \leq i < j \leq 3} |A_i \cap A_j \cap A_4| - |A_1 \cap A_2 \cap A_3 \cap A_4|$

[ここで式 (k.2) を用いると]

$= |B_4| + |B_1 \cup B_2 \cup B_3| - \sum_{i=1}^{3} |B_i| + \sum_{1 \leq i < j \leq 3} |B_i \cap B_j| - |B_1 \cap B_2 \cap B_3|$

関係式「$L_3 = R_3$」と同じものは各 A_i ($i = 1, 2, 3$) を B_i に置き換えても成り立つから,上記最後の式の第 2 項以下の和は 0 になる.よって,$R_4 - R_3 = |B_4|$ が成り立つ.したがって,式 (k.1) により,$L_4 = R_4$ を得る.

解説 正の整数 n が与えられたとき,n 個の有限集合の和集合の要素の個数について,例題 3.2.1 および問題 3.4 を一般化した公式が知られており,**包除原理**とよばれている.

問題 3.5 の解 X 上の 2 項関係 R を $R = \{(x_1, x_2) \mid f(x_1) = f(x_2)\}$ と定めると,R は X 上の同値関係である(問題 2.2 の解を参照).

そこで,商集合 X/R を Z とおく.写像 g を $g : X \to Z; x \mapsto [x]_R$ と定めると,g は全射である.

また,$h = \{(A, y) \in Z \times Y \mid \exists x \in A \; f(x) = y\}$ と定める.h が写像であることを示そう.$(A, y_1) \in h$ かつ $(A, y_2) \in h$ と仮定する.このとき A の要素 x_1, x_2 があって,$f(x_1) = y_1$ かつ $f(x_2) = y_2$ が成り立つ.x_1, x_2 は同じ同値類 A に属するので $x_1 R x_2$ が成り立つ.したがって,$f(x_1) = f(x_2)$ であり,よって $y_1 = y_2$ が成り立つ.以上により,

$(A, y_1) \in h \wedge (A, y_2) \in h \Rightarrow y_1 = y_2$ が示されたから，h は Z から Y への写像である．

h が単射であることを示そう．$A, B \in Z$ かつ $h(A) = h(B)$ と仮定する．このとき，A の要素 x_1 と B の要素 x_2 があって，$f(x_1) = h(A) = h(B) = f(x_2)$ が成り立つ．よって $x_1 R x_2$．ゆえに $A = [x_1]_R = [x_2]_R = B$．以上により，$h(A) = h(B) \Rightarrow A = B$ が示されたから，h は Z から Y への単射である．

また，X の要素 x が与えられたとき，$(h \circ g)(x) = h(g(x)) = h([x]_R) = f(x)$ が成り立つから，$h \circ g = f$ が成り立つ．

以上により，集合 Z と全射 $g: X \to Z$ および単射 $h: Z \to Y$ が存在して $f = h \circ g$ が成り立つ．

問題 3.6 の解 $((A, B), C_1)$ および $((A, B), C_2)$ が R の要素であるとする．このとき $A \times B \times C_1$ の要素 (a_1, b_1, c_1) および $A \times B \times C_2$ の要素 (a_2, b_2, c_2) が存在して，$a_1 + b_1 = c_1$ かつ $a_2 + b_2 = c_2$ が成り立つ．さて，a_1 と a_2 は同じ同値類 A に属するから $a_1 \equiv_k a_2$，したがって $a_1 - a_2$ は k の倍数である．同様にして，$b_1 - b_2$ は k の倍数である．ゆえに，$c_1 - c_2 = (a_1 + b_1) - (a_2 + b_2) = (a_1 - a_2) + (b_1 - b_2)$ も k の倍数である．したがって，$c_1 \equiv_k c_2$ が成り立つ．よって，c_1 の同値類と c_2 の同値類は等しい．すなわち，$C_1 = C_2$ が成り立つ．

以上により，$((A, B), C_1), ((A, B), C_2) \in R \Rightarrow C_1 = C_2$ が示された．よって，R は $(\mathbb{Z}/\equiv_k)^2$ から $\mathbb{Z}/\equiv_k$ への写像である．

問題 3.7 の略解 例 3.2.5，例題 3.2.5 および定理 3.2.2 の証明により，$\mathbb{R}$ は $2^\mathbb{N}$ と濃度が等しいことがわかる．よって，問題 3.1(1) の結果により，$\mathbb{R} \times \mathbb{R}$ は $2^\mathbb{N} \times 2^\mathbb{N}$ と濃度が等しい．ところが，問題 3.2 により，$2^\mathbb{N} \times 2^\mathbb{N}$ は $2^\mathbb{N}$ と濃度が等しい．ここで，$2^\mathbb{N}$ は $\mathbb{R}$ と濃度が等しい．以上により，$\mathbb{R} \times \mathbb{R}$ は $\mathbb{R}$ と濃度が等しい．

解説 $\mathbb{R} \times \mathbb{R}$ は複素数全体の集合 $\mathbb{C}$ と濃度が等しい（虚数単位を i として，対応 $(a, b) \mapsto a + ib$ を考えよ）．したがって，問題 3.7 により，$\mathbb{C}$ は連続体濃度の集合である．

——C——

問題 3.8 の略解 $\mathbb{N}^1 = \mathbb{N}$ であるから，$f: \mathbb{N} \to A; n \mapsto n$ は $\mathbb{N}$ から A への単射である．

次に，逆向きの単射があることを示そう．小さいほうから i 番目の素数を p_i としよう．たとえば，$p_1 = 2$, $p_2 = 3$, $p_3 = 5$ である．$g_k: \mathbb{N}^k \to \mathbb{N}; (a_1, \ldots, a_k) \mapsto p_1^{a_1+1} \cdots p_k^{a_k+1}$ とおくと，g_k は単射である．また，$k < j$ のとき $\mathrm{ran}\, g_k \cap \mathrm{ran}\, g_j = \emptyset$ である（p_j を因子にもつかどうかで識別できる）．したがって，$g = \bigcup \{g_k \mid k \in \mathbb{N}\}$ とおくと，g は A から $\mathbb{N}$ への単射になる．

以上により，$\mathbb{N}$ から A への単射と，A から $\mathbb{N}$ への単射があることがわかった．よって，ベルンシュタインの定理により，A は $\mathbb{N}$ と濃度が等しい．すなわち，A は可算無限集合である．

問題 3.9 の略解 代数的数全体の集合を $\mathbb{A}$ としよう．

自然数 k が与えられたとき，k は方程式「$x - k = 0$」の解だから $\mathbb{A}$ の要素である．よって，$f_1: k \mapsto k$ は $\mathbb{N}$ から $\mathbb{A}$ への単射になる．

逆向きの単射があることを以下で示したい．有理数係数の多項式（変数は x）全体の集

合を $\mathbb{Q}[x]$ と表そう．また，$B = \bigcup \{\mathbb{Q}^k \mid k$ は正の整数 $\}$ とする．$\mathbb{Q}[x]$ から B への写像 "$a_n x^n + \cdots + a_1 x^1 + a_0$" $\mapsto (a_0, a_1, \ldots, a_n)$ は全単射である．また，$\mathbb{Q}$ が可算無限集合であることと問題 3.8 の結果を用いると，B は可算無限集合であることがわかる．よって $\mathbb{Q}[x]$ も可算無限集合である．

そこで，$\mathbb{N}$ から $\mathbb{Q}[x]$ への全単射 g をとる．$\mathbb{A}$ の要素 z が与えられたとき，z を解とする有理数係数方程式 $\varphi(x) = 0$ のうち，$g(n) = \varphi$ となる n をもっとも小さく選べるものに着目する．その φ に対して $g(n) = \varphi$ が成り立つ n をとる．さらに，$\varphi(x) = 0$ の相異なる解を小さい順に並べ（最小のものを 0 番目とする），z は i 番目であるとする（そのような自然数 i をとる）．そこで (n, i) を $f_2(z)$ と表す．くだけた言い方をすると，z は n 番目の方程式の小さいほうから i 番目の解になっている．すると，f_2 は $\mathbb{A}$ から $\mathbb{N}^2$ への単射である．例題 3.2.3 により $\mathbb{N}^2$ は可算無限集合だから，$\mathbb{A}$ から $\mathbb{N}$ への単射が存在する．

以上により，$\mathbb{N}$ から $\mathbb{A}$ への単射が存在し，$\mathbb{A}$ から $\mathbb{N}$ への単射も存在することを示せた．よって，ベルンシュタインの定理により，$\mathbb{A}$ は $\mathbb{N}$ と濃度が等しい．したがって，$\mathbb{A}$ は可算無限集合である．

問題 3.10 の解 実数 a に対して定数関数 $c_a : (0,1) \to \mathbb{R}; x \mapsto a$ を対応させる写像 $a \mapsto c_a$ は $\mathbb{R}$ から $C(0,1)$ への単射である．

逆向きの単射が存在することを以下で示そう．$(0,1) \cap \mathbb{Q}$ から $\mathbb{R}$ への写像全体からなる族を $\mathcal{F}$ とする．$C(0,1)$ の要素 f が与えられたとき，その制限写像 $f \restriction ((0,1) \cap \mathbb{Q})$ を考える．$C(0,1)$ の要素 f_1, f_2 が同じ制限写像をもてば $f_1 = f_2$ であるから，対応 $f \mapsto f \restriction ((0,1) \cap \mathbb{Q})$ は $C(0,1)$ から $\mathcal{F}$ への単射である．

ここで，$(0,1) \cap \mathbb{Q}$ は $\mathbb{N}$ と濃度が等しいことは容易にわかる．また，$\mathbb{R}$ は $2^{\mathbb{N}}$ と濃度が等しい（問題 3.7 の解答を参照のこと）．よって，問題 3.1 (2) により，$\mathcal{F}$ は $\mathbb{N}$ から $2^{\mathbb{N}}$ への写像全体の族（それを $\mathcal{F}'$ で表そう）と濃度が等しい．

$\mathcal{F}'$ の要素 $g : \mathbb{N} \to 2^{\mathbb{N}}$ が与えられたとき，$A_g = \{(n, m) \in \mathbb{N}^2 \mid n \in g(m)\}$ とおくと，対応 $g \mapsto A_g$ は $\mathcal{F}'$ から $2^{\mathbb{N} \times \mathbb{N}}$ への単射である．

また，$\mathbb{N}$ から $\mathbb{N}^2$ への全単射 h を用いて $\mathbb{N}^2$ の部分集合 A に $\{n \in \mathbb{N} \mid h(n) \in A\}$ を対応させると，この対応は $2^{\mathbb{N} \times \mathbb{N}}$ から $2^{\mathbb{N}}$ への全単射である．そして，$2^{\mathbb{N}}$ は $\mathbb{R}$ と濃度が等しい．

以上により，$C(0,1)$ から $\mathbb{R}$ への単射が存在する．また，最初にみたとおり，$\mathbb{R}$ から $C(0,1)$ への単射も存在する．よって，ベルンシュタインの定理により，$C(0,1)$ は $\mathbb{R}$ と濃度が等しい．

第 4 章

問 4.2.1 の考え方 例題 4.2.1 と同様．

問 4.2.1 の解 Y の任意の元 y をとる．f が全単射だから $y = f(x)$ となる $x \in X$ がある．a が X における最大元だから $x \leq_X a$ が成り立つ．f が順序同型写像だから $y = f(x) \leq_Y f(a)$ が成り立つ．以上により，$\forall y \in Y \ y \leq_Y f(a)$ が示された．よって，$f(a)$ は Y の最大元である．

問 4.2.2 の解 $f : \mathbb{Q}_{\geq 0} \to \mathbb{Q}$ が与えられたとしよう．0 は $\mathbb{Q}_{\geq 0}$ の最小値である．ところが，$\mathbb{Q}$ において $f(0) \leq f(0) - 1$ が成り立たないから，$f(0)$ は $\mathbb{Q}$ における最小値ではな

い．よって，f は最小値を最小値に写さない．

ところで，「f が順序同型写像ならば，f は最小値を最小値に写す」が成り立つ．よって，その対偶「f が最小値を最小値に写さないならば，f は順序同型写像でない」が成り立つ．ゆえに，f は順序同型写像ではない．

解説 正の有理数全体の集合を $\mathbb{Q}_{>0}$ と書こう．問 4.2.2 の結果は $\mathbb{Q}_{>0}$ に一般化できない．たとえば，次の関数 f は $\mathbb{Q}_{>0}$ から $\mathbb{Q}$ への順序同型写像になる．

$$f(x) = \begin{cases} -1/x + 1 & (0 < x < 1, x \in \mathbb{Q}) \\ x - 1 & (x \geq 1, x \in \mathbb{Q}) \end{cases}$$

問 4.2.3 の解 p は $q_1 \to (q_2 \to q_3)$，q は $q_1 \wedge q_2 \to q_3$ である．q_1 が偽の場合は q も p も真であるから，両者の真偽は一致する．そうでない場合，q も p も $q_2 \to q_3$ と同値である．以上により，q と p は同値である．

問 4.2.3 の別解 q から p を導けること：q, q_1, q_2 から q_3 を導ける（証明：q_1, q_2 から，「かつ」の導入により $q_1 \wedge q_2$ を導ける．これと，仮定としておいている q に「ならば」の除去を適用して q_3 を得る）．よって，「ならば」の導入により，q, q_1 から $q_2 \to q_3$ を導ける（ここで仮定 q_2 は解消される）．再び「ならば」の導入により，q から $q_1 \to (q_2 \to q_3)$ を導ける（ここで仮定 q_1 は解消される）．つまり，q から p を導ける．

p から q を導けること：$p, q_1 \wedge q_2$ から q_3 を導ける（証明：$q_1 \wedge q_2$ から「かつ」の除去により q_1 と q_2 を導ける．p と q_1 から「ならば」の除去により $q_2 \to q_3$ を得る．これと q_2 に「ならば」の除去を適用して q_3 を得る）．よって，「ならば」の導入により，p から $q_1 \wedge q_2 \to q_3$ を導ける（ここで仮定 $q_1 \wedge q_2$ は解消される）．つまり，p から q を導ける．

第 4 章の章末問題

—— A ——

問題 4.1 の解 $\mathbb{N}$ 上のふつうの大小関係 $\leq$ を X に制限したもの，すなわち $\{(m,n) \in X^2 \mid m \leq n\}$ は X 上の整列順序である．

—— B ——

問題 4.2 の解 例題 4.1.1 により，$<_1$ は X 上の狭義の順序関係である．あとは三分律を示せばよい．X の要素 x, y が与えられたとする．$x = y$ の場合は当然，条件 $p(x, y)$：「$x < y$ または $x = y$ または $y < x$」がみたされる．そうでない場合は $x \neq y$ となるが，$\leq_1$ の比較可能律から「$x \leq_1 y$ または $y \leq_1 x$」が成り立つので「$x <_1 y$ または $y <_1 x$」が成り立ち，やはり条件 $p(x, y)$ がみたされる．以上により，三分律もみたされることがわかった．よって，$<_1$ は X 上の狭義の全順序関係である．

問題 4.3 の解 例題 4.1.3 により，$\leq_1$ は X 上の順序関係である．あとは比較可能律を示せばよい．X の要素 x, y が与えられたとする．$<_1$ の三分律により $x <_1 y \vee x = y \vee y <_1 x$ が成り立つ．命題論理のべき等律により $x <_1 y \vee (x = y \vee x = y) \vee y <_1 x$，結合律により $(x <_1 y \vee x = y) \vee (x = y \vee y <_1 x)$，したがって $x \leq_1 y \vee y \leq_1 x$ となり，比較可能律が示された．よって，$\leq_1$ は X 上の全順序関係である．

―― C ――

問題 4.4 の解　空でない自然数の集合 X に対し，X の（$\mathbb{N}$ のふつうの順序に関する）最小元を $\min X$ で表す．

写像 $f : \mathcal{A} \to \mathbb{N}$ を次のように定める．

$$f(A) = \begin{cases} \min A & (A \neq \emptyset \text{ のとき}) \\ 0 & (A = \emptyset \text{ のとき}) \end{cases}$$

すると，$\forall A \in \mathcal{A} - \{\emptyset\}\ f(A) \in A$ が成り立つ．

解説　問題文の中の仮定「集合族 $\mathcal{A}$ は空でない」は，話を簡単にするためだけのものであり，なくてもかまわない．$\mathcal{A} = \emptyset$ の場合も，f として空写像をとれば，f の定義域は $\mathcal{A}$ で，かつ，$\forall A \in \mathcal{A} - \{\emptyset\}\ f(A) \in A$ が成り立つ．

第 5 章

問 5.1.1 の解　$f_2(a,b) = f_2(c,d)$ とする．すると，$\{\emptyset, \{a\}\} \in \{\{\emptyset, \{c\}\}, \{\{d\}\}\}$ だから，$\{\emptyset, \{a\}\}$ は $\{\emptyset, \{c\}\}$，$\{\{d\}\}$ のいずれかに等しい．しかし，後者は空集合を要素にもたないから，$\{\emptyset, \{a\}\} = \{\emptyset, \{c\}\}$．したがって，$\{a\} \in \{\emptyset, \{c\}\}$．ゆえに，$\{a\}$ は $\emptyset, \{c\}$ のいずれかに等しい．しかし，$\{a\}$ は空集合でないから $\{a\} = \{c\}$．よって，$a = c$ である．また，$\{\{b\}\} \in \{\{\emptyset, \{c\}\}, \{\{d\}\}\}$ だから，$\{\{b\}\}$ は $\{\emptyset, \{c\}\}$，$\{\{d\}\}$ のいずれかに等しい．しかし，$\{\{b\}\}$ は空集合を要素にもたないから，$\{\{b\}\} = \{\{d\}\}$．よって，$b = d$．以上により，$f_2(a,b) = f_2(c,d) \leftrightarrow (a = c$ かつ $b = d)$ が成り立つ．

解説　ウィナーは 1914 年の論文で，順序対を $\{\{\emptyset, \{a\}\}, \{\{b\}\}\}$ によって表した．その後，クラトウスキは 1921 年の論文で順序対を $\{\{a\}, \{a,b\}\}$ によって表した．

第 5 章の章末問題

本章の演習問題解答中において自然数，整数といえば，とくに断りのない限りそれぞれフォン ノイマンの自然数および，本章で再定義した整数を指すものとする．

―― A ――

問題 5.1 の解　自然数 n についての帰納法で $0 + n = n$ を示す．加法の定義により，任意の自然数 m に対して $m + 0 = m$ となる．とくに m が 0 の場合を考えると，$0 + 0 = 0$．よって，示したい式は $n = 0$ に対して成り立つ．

次に帰納ステップを考える．$0 + k = k$ と仮定する．加法の定義を用い，続いて帰納法の仮定を用いると，$0 + (k+1) = (0+k) + 1 = k + 1$．よって，示したい式は $n = k + 1$ に対して成り立つ．

以上により，帰納法によって，任意の自然数 n に対して $0 + n = n$ が成り立つ．

―― B ――

問題 5.2 の解　任意の自然数 a, b に対して，$[\langle 0, 0\rangle] + [\langle a, b\rangle] = [\langle a, b\rangle]$ が成り立つことを示せばよい．ここで，$[\ ]$ は本章中で定義した同値類 $[\ ]_Z$ である．

整数の加法の定義により（左辺）$= [\langle 0+a, 0+b \rangle]$ である．一方，問題 5.1 の解により $0+a = a$, $0+b = b$ であるから，$\langle 0+a, 0+b \rangle = \langle a, b \rangle$．よって，$[\langle 0+a, 0+b \rangle] = [\langle a, b \rangle]$．

以上により，任意の自然数 a, b に対して，$[\langle 0, 0 \rangle] + [\langle a, b \rangle] = [\langle a, b \rangle]$ が成り立つ．

―― C ――

問題 5.3 の解 任意の自然数 a, b に対して，$[\langle a, b \rangle] \cdot [\langle 0, 0 \rangle] = [\langle 0, 0 \rangle]$ が成り立つことを示せばよい．[ ] は本章中で定義した同値類 $[\ ]_Z$ である．さて，整数の乗法の定義により，（左辺）$= [\langle a \cdot 0 + b \cdot 0, b \cdot 0 + a \cdot 0 \rangle]$ である．自然数の乗法の定義により $a \cdot 0 = 0$ であり，また $b \cdot 0 = 0$ である．よって，$a \cdot 0 + b \cdot 0 = 0 + 0 = 0$．したがって，$[\langle a \cdot 0 + b \cdot 0, a \cdot 0 + b \cdot 0 \rangle] = [\langle 0, 0 \rangle]$．

以上により，任意の自然数 a, b に対して，$[\langle a, b \rangle] \cdot [\langle 0, 0 \rangle] = [\langle 0, 0 \rangle]$ が成り立つ．

あとがき

　第 0 章を読み始めたとき，負の数でつまずく中学生に思いを馳せ，かすかな同情を感じたのではないでしょうか．第 5 章まで読み終えたとき，その同情は共感に変わったかもしれません．

　さて，次ページの [1] は自然演繹についての読みものです．本書と並行して読むのもよいでしょう．余裕がある人は，本書と同レベルの内容を，少し違った角度から扱った集合と論理の教科書をみるのもよいことです．[3] はそうした教科書の例です．本書と異なり，命題論理を真理値表で導入するスタイルをとっています．

　本書および同レベルの文献のあと，数理論理学・公理的集合論に直行してもかまいません．しかし，もし読者が数学科の学生なら，まずは群論や位相空間論の初歩を学ぶことをおすすめします．そうした分野の学習によって，抽象的な思考に慣れることができます．

　そのあとで数理論理学・公理的集合論の世界にふれたくなったらどうしたらよいでしょうか．そのようなときのために，いくつか文献をあげておきます．[8] は，命題論理に重点をおいた自然演繹の教科書として定評があります．演繹体系と真理値表の関係もくわしく述べています．[6] は数理論理学のコンパクトな入門書，[2] は，より本格的な入門書です．

　[5] は実数論についてくわしく扱っており，公理的集合論の概要も解説しています．[4], [7] は本格的な公理的集合論の教科書です．書店や図書館で [7] を探すときは，田中 一之 編「ゲーデルと 20 世紀の論理学 4 集合論とプラトニズム」で探してください．その本の部分集合になっています．

参考文献

読者のための参考文献

読みもの
[1] 野矢 茂樹「入門!論理学」,中公新書 1862,中央公論新社 (2006).

教科書・参考書
[2] 鹿島 亮「数理論理学」,朝倉書店 (2009).
[3] 嘉田 勝「論理と集合から始める数学の基礎」,日本評論社 (2008).
[4] キューネン 著,藤田 博司 訳「集合論—独立性証明への案内」,日本評論社 (2008).
[5] 齋藤 正彦「数学の基礎 集合・数・位相」,東京大学出版会 (2002).
[6] 坪井 明人「数理論理学の基礎・基本」,牧野書店 (2012).
[7] 渕野 昌『構成的集合と公理的集合論入門』.田中 一之 編「ゲーデルと 20 世紀の論理学 4 集合論とプラトニズム」所収,東京大学出版会 (2007).
[8] 前原 昭二「記号論理入門[新装版]」,日本評論社 (2005).

上記のほか,執筆の参考にした文献
[9] カントル著,功力 金二郎・村田 全 訳「超限集合論」,共立出版 (1979).
[10] 鈴木 登志雄「論理リテラシー」,培風館 (2009).
[11] 田中 一之・鈴木 登志雄「数学のロジックと集合論」,培風館 (2003).
[12] 本橋 信義「新しい論理序説」,朝倉書店 (1997).
[13] J. van Heijenoort, ed. "From Frege to Gödel", Harvard (1967).
[14] M.E.Szabo, ed. "The collected papers of Gerhard Gentzen", North-Holland (1969).
[15] A.S.Troelstra and H.Schwichtenberg, "Basic Proof Theory 2nd ed.", Cambridge (2000).

行政資料
[16] 文部科学省,「高等学校学習指導要領解説」平成 21 年 3 月 (2009).
[17] 文部科学省,「高等学校学習指導要領解説 数学編」平成 21 年 11 月 (2009).

高等学校数学科用 文部科学省検定済教科書

[18] 俣野 博・河野 俊丈 編,「数学 I」平成 23 年検定, 東京書籍 (2012).
[19] 俣野 博・河野 俊丈 編,「新編数学 I」平成 23 年検定, 東京書籍 (2012).
[20] 岡本 和夫ほか,「数学 I」平成 23 年検定, 実教出版 (2012).
[21] 岡本 和夫ほか,「新版 数学 I」平成 23 年検定, 実教出版 (2012).
[22] 高橋 陽一郎 編,「詳説 数学 I」平成 23 年検定, 啓林館 (2011).
[23] 高橋 陽一郎 編,「数学 I」平成 23 年検定, 啓林館 (2011).
[24] 高橋 陽一郎 編,「新編 数学 I」平成 23 年検定, 啓林館 (2011).
[25] 大島 利雄ほか,「数学 I」平成 23 年検定, 数研出版 (2012).
[26] 大矢 雅則ほか,「新編 数学 I」平成 23 年検定, 数研出版 (2012).
[27] 山本 慎ほか,「最新 数学 I」平成 23 年検定, 数研出版 (2012).

中学校数学科用 文部科学省検定済教科書

[28] 藤井 斉亮・俣野 博ほか,「新しい数学①」平成 23 年検定, 東京書籍 (2012).
[29] 藤井 斉亮・俣野 博ほか,「新しい数学②」平成 23 年検定, 東京書籍 (2012).
[30] 藤井 斉亮・俣野 博ほか,「新しい数学③」平成 23 年検定, 東京書籍 (2012).

索引

あ行

移項　transposition　4
インダクション　induction　20
インターセクション　intersection　66
インターセクト　intersect　65, 66
ウィナーの順序対　Wiener's ordered pair　151
上に有界　bounded from above　79
裏　inverse　18
演繹　deduction　31
演算　operation　1

か行

外延性公理　axiom of extensionality　48
外延的記法　extensional notation　46
開区間　open interval　22
解の吟味　examination of the solution　5
下界　lower bound　80
下限　infimum　80
可算無限集合　countably infinite set　95
かつ　and, conjunction　5
かつ（記号）　34
「かつ」の除去　conjunction elimination　37
「かつ」の導入　conjunction introduction　37
合併　union　65
仮定　hypothesis　7
仮定が落ちる　hypothesis discharges　36
仮定の解消　hypothesis-discharge　36
加法　addition　121
関係　relation　2, 58, 73
関数　function　3, 59, 73
関数族　family of functions　87
完全代表系　transversal　77
冠頭形　prenex form　51
カントル集合　Cantor set　99

カントルの定理　Cantor's theorem　91, 98
偽　false　15
擬順序関係　pseudo-order relation　78
基数　cardinal number　112
基数（フォン ノイマン）　129
帰納ステップ　induction step, inductive step　20
帰納法（使用例）　139
帰納法の仮定　induction hypothesis　20
逆　converse　7, 18
逆関数　inverse function　63
逆写像　inverse mapping　63
逆説　paradox　130
逆像　inverse image　59, 74
狭義（の）順序関係　order in the strict sense　104
狭義（の）線形順序関係　linear order in the strict sense　104
狭義（の）全順序関係　total order in the strict sense　104
狭義（の）半順序関係　partial order in the strict sense　104
共通部分　intersection　13, 48
共通部分（族）　89
共通部分（三つの集合）　13
極小元　minimal element　80
極大元　maximal element　79
ギリシア文字　Greek alphabet　vi
空写像　empty function　82
空集合　empty set　10, 47
組　tuple　72, 120
クラス　class　32
クラトウスキ　Kuratowski［別の綴りもある］　114
クラトウスキ（の）順序対　Kuratowski's ordered pair　119
結合法則（加法）　associative law　122
結合法則（合成写像）　61
結合法則（集合）　49

結合法則（乗法） 123
結合法則（命題） 41
結合律（集合） 49
結合律（命題） 41
結合律（命題，使用例） 150
結論 conclusion 7
元 element 10, 32
ゲンツェン Gentzen 35
交換法則（加法） commutative law 123
交換法則（集合） 49
交換法則（乗法） 123
交換法則（命題） 41
交換律（集合） 49
交換律（命題） 41
後者 successor 120
合成関数 composition 61
合成写像 composition 61
恒等写像 identity mapping 64
固有差 proper subtraction 122
コンプリメント complement 66

さ 行

再帰的定義 recursive definition 72, 120
最小元 minimum, the least element 80
最小数の原理 least-number principle 22
最小数の原理（使用例） 98
最大元 maximum, the greatest element 79
差集合 difference 66
サブセット subset 66
三段論法 modus ponens 25, 39
三分律 trichotomy 104

式の値 4
自然演繹 natural deduction 42
自然演繹の体系 NK 35
自然数（フォン ノイマン） 124
下に有界 bounded from below 80
写像 mapping 59, 73
集合 set 10, 32
集合族 family of sets 87
集合族（添え字付き） indexed family of sets 88, 127
順序型 order type 112, 128
順序関係 order relation 77
順序集合 ordered set 106
順序数 ordinal number 112, 118
順序数（フォン ノイマン） 128
順序対 ordered pair 72

順序対（ウィナー） Wiener's ordered pair 151
順序対（クラトウスキ） Kuratowski's ordered pair 119
順序同型 order-isomorphism［形容詞形は order-isomorphic］ 106
順序同型写像 order-isomorphism 106
上界 upper bound 79
条件 condition 15
上限 supremum 80
商集合 quotient set 92
乗法 multiplication 122
剰余類 residue class, coset 75
真 true 15
真のクラス proper class 118
真部分集合 proper subset 48
真理集合 truth set 47, 54
推移律 transitive law 75
推論 inference 31
数学的帰納法 mathematical induction 19
数学的帰納法（使用例） 139
数列 sequence 127
制限 restriction 60
整列可能定理 well-ordering theorem 114
整列集合 well-ordered set 110
整列順序 well-order 110
整列順序集合 well-ordered set 110
整列定理 well-ordering theorem 114
線形順序関係 linear order relation 77
前者 predecessor 122
全射 surjection 62
全順序関係 total order relation 77
全順序集合 totally ordered set, linearly ordered set 106
全称記号 universal quantifier 52
全体集合 universal set 14, 47, 106
選択公理 axiom of choice 114, 128
全単射 bijection 63
像 image 59, 74
添え字付けられた集合族 indexed family of sets 88, 127
属する belongs to 10
存在記号 existential quantifier 52

た 行

対角線論法 diagonal argument 91

対偶　contrapositive, contraposition　18, 57
対偶（使用例）　110
対称律　symmetric law　75
代入　substitution　4
代表系　transversal　77
代表元　representative　77
高々　at most　63
縦線　vertical line　46
単射　injection　62
値域　range　59, 74
稠密　dense　109
直積　Cartesian product　72
直積（集合族）　127

ツェルメロ　Zermelo　114
ツォルン　Zorn　114
ツォルンの補題　Zorn's lemma　114

定義　definition　8
定義域　domain　59, 74
定数　constant　16
定理　theorem　8
同型　isomorphism［形容詞形は isomorphic］106
導出　derivation　31
同値　equivalent　41
同値関係　equivalence relation　75
同値変形　5
同値類　equivalence class　75
特称記号　existential quantifier　52
ドメイン　domain　59, 74
ド モルガンの法則（集合）　de Morgan's law　14, 49
ド モルガンの法則（集合族）　89
ド モルガンの法則（条件）　18, 46
ド モルガンの法則（使用例）　105
ド モルガンの法則（存在命題の否定）　50, 52
ド モルガンの法則（任意命題の否定）　50, 52
ド モルガンの法則（命題）　46

な 行

内包的記法　intentional notation　46
内包（の）公理　axiom schema of comprehension (unrestricted)　130
波括弧　brace　11, 46
ならば　implication　7

「ならば」の除去　implication elimination　37
「ならば」の導入　implication introduction　37
「ならば」命題の否定　negation of an implication statement　46
ならば（命題論理）　material implication　34
2 項関係　binary relation　58
二重否定の除去　double negative elimination　38
任意記号　universal quantifier　52
濃度　power, cardinality　93, 112, 129
濃度が等しい　equinumerous　94

は 行

排中律　law of excluded middle　38
背理法　proof by contradiction, reductio ad absurdum　19, 38
背理法（使用例）　105
鳩の巣原理　pigeonhole principle　140
パラドックス　paradox　130
パワーセット　power set　90
反射律　reflexive law　75
半順序関係　partial order relation　77
反対称律　antisymmetric law　77
反例　counter example　7, 55
比較可能律　comparability law　77
非可算無限集合　uncountably infinite set　95
ひきだし論法　pigeonhole principle　140
否定（記号）　negation　34
否定の除去　negation elimination　37
否定の導入　negation introduction　37
否定の導入（使用例）　105
等しい　equal　11
非反射　irreflexive law　104
フォン ノイマンの自然数　von Neumann's natural number　124
フォン ノイマンの順序数　von Neumann ordinal number　113, 128
含まれる　be included by　11, 48
含む　include　11
部分集合　subset　11, 48
普遍集合　universal set　47, 65
プリンキピア・マテマティカ　Principia Mathematica　112

フレーゲ　Frege　32, 130
ブレース　brace　11, 46
プロパークラス　proper class　118
分出公理　axiom schema of separation　123
分配法則（自然数）　distributive law　123
分配法則（集合）　49
分配法則（集合族）　89
分配法則（条件）　46
分配法則（命題）　41, 44
分配律（命題）　41

閉区間　closed interval　22
べき集合　power set　90
べき等法則（集合）　idempotent law　49
べき等法則（命題）　41
べき等律（集合）　49
べき等律（命題）　41
べき等律（命題，使用例）　150
ベース ステップ　base step　20
ベルンシュタインの定理　Bernstein's theorem　97
変域　domain　3
変数　variable　16

包除原理　inclusion-exclusion principle　147
方程式　equation　4
補集合　complement　14
補集合（記号）　34
補助線　auxiliary line　8
ホワイトヘッド　Whitehead　112

ま 行

または　or, disjunction　7
または（記号）　34
「または」の除去　disjunction elimination　37
「または」の導入　disjunction introduction　37

無限後退　infinite regress　4
無限公理　axiom of infinity　123
無限集合　infinite set　95
矛盾　contradiction　37
矛盾についての規則　intuitionistic absurdity rule　38
無理数　irrational number　10
命題　proposition　15
命題論理　propositional logic　34
命題論理の「ならば」　material implication　34
メンバー　member　10, 32
モーダス ポーネンス　modus ponens　39

や 行

有限集合　finite set　93
ユニオン　union　66
ユニバース　universe　106

要素　element　10, 32

ら 行

ラッセル　Russell　112
ラッセルのパラドックス　Russell's paradox　33, 130

量化記号　quantifier　52

累積階層　cumulative hierarchy　118
累積帰納法　course-of-values induction, complete induction　21

レンジ　range　59, 74
連続体濃度　cardinality of the continuum　100

わ 行

和集合　union　12, 48
和集合（族）　89
和集合（三つの集合）　13

著 者 略 歴

鈴木　登志雄（すずき・としお）
　1965 年　東京都生まれ
　1989 年　京都大学理学部卒業（数学専攻）
　1991 年　筑波大学大学院博士課程数学研究科中退
　1991 年　大阪府立大学総合科学部助手
　　　　　　大阪府立大学総合科学部講師，理学系研究科講師を経て
　2006 年　首都大学東京理工学研究科准教授
　2020 年　東京都立大学理学研究科准教授
　　　　　　現在に至る
　　　　　　博士（理学）

【著書】
数学のロジックと集合論（共著，培風館，2003）
ゲーデルと 20 世紀の論理学 1
　ゲーデルの 20 世紀（共著，東京大学出版会，2006）
論理リテラシー（培風館，2009）

編集担当	上村紗帆(森北出版)
編集責任	石田昇司(森北出版)
組　版	藤原印刷
印　刷	同
製　本	同

例題で学ぶ集合と論理　　　　　　　　　　　　　　Ⓒ鈴木登志雄　2016
2016 年 1 月 29 日　第 1 版第 1 刷発行　　【本書の無断転載を禁ず】
2020 年 4 月 1 日　第 1 版第 2 刷発行

著　　者　鈴木登志雄
発　行　者　森北博巳
発　行　所　森北出版株式会社
　　　　　東京都千代田区富士見 1-4-11（〒102-0071）
　　　　　電話 03-3265-8341 ／ FAX 03-3264-8709
　　　　　https://www.morikita.co.jp/
　　　　　日本書籍出版協会・自然科学書協会　会員
　　　　　JCOPY ＜(一社)出版者著作権管理機構　委託出版物＞

落丁・乱丁本はお取替えいたします．
Printed in Japan ／ ISBN978-4-627-06191-0